平面设计师的私房菜

你无法绕开的第一本
Illustrator
实战技能宝典

王东晓　秦　娜　主编

清华大学出版社
北京

内 容 简 介

本书是一本实例中穿插理论的实用性书籍，全方位地讲述了 Illustrator 软件的各个功能和具有商业性质的案例。本书共分为 12 章，具体包括基础操作，直线与曲线绘制，几何图形的绘制，图形与对象的编修，填充与描边，图层与蒙版，符号、图表与样式的应用，特殊效果的应用，特殊文字的制作，企业形象设计，海报广告设计，UI 设计等内容。本书涵盖了日常工作中会用到的全部工具与命令，并涉及平面设计行业中的常见任务。

本书附赠案例的素材文件、效果文件、PPT 课件和视频教学文件，方便读者在学习的过程中利用实例文件进行练习，提高兴趣、实际操作能力以及工作效率。

本书以实例形式讲解软件功能和商业应用案例，针对性和实用性较强，不仅能使读者巩固学到的 Illustrator 技术技巧，更是读者在以后实际学习工作中的参考手册。本书适合作为各大院校、培训机构的教学用书，以及读者自学 Illustrator 的参考用书。

图书在版编目（CIP）数据

你无法绕开的第一本 Illustrator 实战技能宝典 / 王东晓，秦娜主编 . —北京：清华大学出版社，2021.6
（平面设计师的私房菜）
ISBN 978-7-302-57755-3

Ⅰ . ①你…　Ⅱ . ①王…②秦…　Ⅲ . ①图形软件　Ⅳ . ① TP391.412

中国版本图书馆 CIP 数据核字 (2021) 第 050873 号

责任编辑：秦　甲　韩宜波
封面设计：李　坤
责任校对：周剑云
责任印制：杨　艳

出版发行：清华大学出版社
　　　　网　　　址：http://www.tup.com.cn，http://www.wqbook.com
　　　　地　　　址：北京清华大学学研大厦 A 座　　　　邮　　编：100084
　　　　社 总 机：010-62770175　　　　　　　　　　　邮　　购：010-62786544
　　　　投稿与读者服务：010-62776969，c-service@tup.tsinghua.edu.cn
　　　　质 量 反 馈：010-62772015，zhiliang@tup.tsinghua.edu.cn
印 装 者：小森印刷（北京）有限公司
经　　销：全国新华书店
开　　本：185mm×260mm　　　　印　　张：19.75　　　　字　　数：480 千字
版　　次：2021 年 7 月第 1 版　　　印　　次：2021 年 7 月第 1 次印刷
定　　价：99.00 元

产品编号：047398-01

前　言

当您正不知如何快速又简单地学习 Illustrator 时，那么恭喜您翻开这本书，您找对了！

市场上大量的 Illustrator 书籍，要么是理论类型的图书，要么是单纯案例形式的书籍。本图书开发的初衷是兼顾理论与实践，所以在内容上通过实例的形式来展现每章的知识点。在讲解实例的同时，将软件的知识安排在实战中，让浏览者能够真正做到完成实例的同时顺带掌握软件的功能知识。本书针对初学者，内容方面兼顾 Illustrator 的功能基础，但是每章的内容又是以实例的形式进行展现，在实例中包含实例思路、实例要点、技巧和提示等内容，从而大大丰富了一个实例的知识功能和技术范围。

Adobe Illustrator 简称 AI，是由 Adobe Systems 开发和发行的矢量图制作软件。Adobe Illustrator 是一种应用于出版、多媒体和在线图像的工业标准矢量插画软件，广泛应用于印刷出版、海报书籍排版、专业插画、多媒体图像处理和互联网页面的制作等，也可以为线稿提供较高的精度和控制，适合生产从小型设计到大型项目的各种应用。

随着计算机技术的进步，软件的更新速度也加快了脚步，一本与其版本相对应的书籍会在软件升级后而变得落伍，新版本的书也会很快铺满市场。本着对读者负责任的态度，我们反复考察用户的需求，特意为不想总去书店购买新版本书籍的人士推出了本书。本书的最大优点就是突破版本限制，将理论与实战相结合，对于无论使用的是老版本还是新版 Illustrator 的读者而言，完全不会受到软件上的限制。跟随本书的讲解，大家可以非常轻松地实现举一反三，从而以最快的速度进入 Illustrator 的奇妙世界。

基于 Illustrator 在平面设计行业中的高度应用，所以本书将内容分成了软件部分和商业实例部分，通过实例介绍 Illustrator 软件的各个功能，同时了解商业实例的制作步骤。本书的作者有着丰富教学经验与实际工作经验，在编写本书时希望能将自己实际授课和作品设计过程中积累下来的宝贵经验与技巧展现给读者。希望读者能够在体会 Illustrator 软件强大功能的同时，掌握该软件各个主要功能的使用方法，将矢量绘制和创意设计应用到自己的作品中。

本书特点

本书内容由浅入深，循序渐进，每一章的内容都丰富多彩，力争运用大量的实例涵盖 Illustrator 中全部的知识点。

本书具有以下特点。

● 内容全面，几乎涵盖了 Illustrator 中的所有知识点。本书由具有丰富教学经验的设计师编写，从平面设计、矢量绘制的一般流程入手，逐步引导读者学习应用软件和制作作品的各种技能。

● 语言通俗易懂，前后呼应，以最小的篇幅、最易读懂的语言来讲解每一个实例。实例中穿插的功能技巧，让您学习起来更加轻松，阅读更加容易。

● 书中把许多的重要工具、重要命令都精心地放置到与之相对应的实例中，让您在不知不觉中学习到实例的制作方法和软件的操作技巧。

● 注重技巧的归纳和总结，使读者更容易理解和掌握，从而方便知识点的记忆，进而能够举一反三。

● 全视频教学，学习轻松方便，使读者像看电影一样记住其中的知识点。本书配有所有案例的多媒体视频教程、案例最终源文件、素材文件、教学 PPT 和课后习题答案。

本书内容安排

第 1 章为基础知识。主要讲述矢量图与位图、Illustrator 软件的界面、文件的新建、文件打开、导入图片、保存文件、关闭文件、页面设置、查看方式、标尺、参考线等，使读者对 Illustrator 整个工作窗口和操作中的一些基础知识有一个初步了解，方便读者后面的学习。

第 2 章为直线与曲线绘制。在日常生活中，使用绘图工具，如直尺、圆规等，可以很容易地绘制出直线、曲线。计算机中运用 Illustrator 软件，要如何绘制直线、曲线呢？本章为大家具体讲解线条与曲线工具的应用。

第 3 章为几何图形的绘制。生活中我们看到的各种形状，其实都是由方形、圆形、多边形等演变而来的，几何图形的绘制工具在 Illustrator 中有矩形工具组，还可使用矩形网格工具和极坐标网格工具。

第 4 章为图形与对象的编修。使用 Illustrator 软件绘制出直线、曲线或形状后，并不是每次绘制都能直接使用，后期的编修是必不可少的，编修可以通过命令或工具来完成。

第 5 章为填充与描边。主要讲述 Illustrator 中单色填充、渐变填充、图案填充、渐变网格填充、实时上色和描边等操作的使用，让您今后的工作更加得心应手。

第 6 章为图层与蒙版。图层就像一张透明的纸，用户可以在这些纸上绘制图形，然后再将这些透明的纸按照用户的要求和次序进行叠加。蒙版可以对图形进行区域的遮罩，使作品看起来更加融合。

第 7 章为符号、图表与样式的应用。主要讲述 Illustrator 中的符号、图表的应用，并对图形样式的应用功能进行介绍。通过对这些工具和功能应用的了解，可以在绘制图形时利用相关预设图形制作丰富的图形效果。

第 8 章为特殊效果的应用。Illustrator 不但可以绘制和编辑图形，还可以通过相应的命令制作出特殊的效果，比如混合效果、封套扭曲以及应用效果等。

第 9 章为特殊文字的制作。主要讲述使用 Illustrator 对文字进行编辑与应用，使大家了解平面设计中文字的魅力。

第 10 章为企业形象设计。主要讲述学习企业形象设计时应该了解的内容。商业案例有 Logo 标志设计、名片设计、纸杯设计、工作 T 恤设计、烟灰缸设计、手提袋设计等。

第 11 章为海报广告设计。本章以海报广告的形式为大家精心设计了三个不同行业的海报广告，分别是公益海报、电影海报和文化海报。

第 12 章为 UI 设计。主要讲述 UI 界面的分类、UI 界面的色彩基础、UI 界面的设计原则以及商业案例的制作。

读者对象

本书主要面向初、中级读者。将软件每个功能的讲解安排到案例当中，以前没有接触过 Illustrator 的读者无须参照其他书籍即可轻松入门，接触过 Illustrator 的读者可以从中快速了解 Illustrator 的各种功能和知识点，自如地踏上新的台阶。

本书由王东晓、秦娜编写，其中，甘肃建筑职业技术学院的王东晓老师负责编写了第 1~7 章；西北师范大学的秦娜老师负责编写了第 8~12 章。其他参与书中内容整理的人员有朱芬妮、刘丹、田秀云、李垚、郎琦、王威、王建红、程德东、杨秀娟、孙一博、佟伟峰、卜彦波、刘清燕、刘晶、曹培强、曹培军等，在此一并表示感谢。

本书提供了实例的素材、源文件和视频文件，以及 PPT 课件，扫一扫下面的二维码，推送到自己的邮箱后下载获取。

由于作者知识水平有限，书中难免有疏漏和不妥之处，恳请广大读者批评、指正。

编　者

目　录

contents

第 7 章　符号、图表与样式的应用　152

第 8 章　特殊效果的应用　174

第 9 章　特殊文字的制作　203

第 1 章

基础知识

本章主要讲解矢量图与位图、Illustrator CC 软件的界面、文件的新建和打开、置入图片、保存文件、关闭文件、页面设置、查看方式、标尺和参考线等知识，使读者对 Illustrator 整个工作窗口和操作中的一些基础知识有一个初步了解，方便读者后面的学习。

本章内容

▶▶ 认识矢量图与位图   ▶▶ 查看方式

▶▶ 认识工作界面   ▶▶ 不同模式的显示效果

▶▶ 新建文档   ▶▶ 标尺、参考线与网格

▶▶ 打开文档   ▶▶ 储存、关闭与导出文件

▶▶ 置入素材

实例1 认识矢量图与位图

（实例思路） -

无论使用哪个设计软件，都应该对图像处理中涉及的位图与矢量图的知识进行了解。

- -

（实例要点） -

▶矢量图概念　　　　　　　　　　　　　　▶位图概念

- -

1. 什么是矢量图

矢量图是由使用数学方式描述的曲线，以及由曲线围成的色块组成的面向对象的绘图图像。矢量图中的图形元素叫作对象，每个对象都是独立的，具有各自的属性，如颜色、形状、轮廓、大小和位置等。由于矢量图与分辨率无关，因此无论如何改变图形的大小，都不会影响图形的清晰度和平滑度，如图 1-1 所示。

图 1-1　矢量图放大后的效果

> 提示：对矢量图进行任意缩放，都不会影响分辨率，矢量图形的缺点是不能表现色彩丰富的自然景观与色调丰富的图像。

2. 什么是位图

位图也叫作点阵图，是由许多不同色彩的像素组成的。与矢量图相比，位图可以更逼真地表现自然界的景物。此外，位图与分辨率有关，当放大位图图像时，位图中的像素增加，图像的线条将会显得参差不齐，这是像素被重新分配到网格中的缘故。此时可以看到构成位图图像的无数个单色块，因此放大位图或在比图像本身的分辨率低的输出设备上显示位图时，将丢失其中的细节，并会呈现出锯齿效果，如图 1-2 所示。

图 1-2　位图放大后的效果

技巧：如果希望位图图像放大后边缘保持光滑，就必须增加图像中的像素数目，此时
图像占用的磁盘空间就会加大。而矢量图就不会出现加大磁盘空间的麻烦。

实例 2　认识工作界面

（实例思路）

任何的图形图像软件，在进行创作时，都不会绕过软件的工作界面。打开软件后，可以通过"新建"或"打开"命令来显示整体的工作界面，本例是通过"打开"命令打开如图 1-3 所示的汽车广告，以此来认识 Illustrator CC 的工作界面。

图 1-3　打开的素材

（实例要点）

▶▶ "打开"命令的使用　　　　　▶▶ 界面中各个功能的介绍

步骤 01　执行菜单"文件 / 打开"命令，打开"素材 \ 第 1 章 \ 汽车广告 .ai"文件，整个 Illustrator CC 的工作界面如图 1-4 所示。

步骤 02　标题栏位于整个窗口的顶端，显示了当前应用程序的名称、相应功能的快速图标、相应功能对应工作区的快速设置，以及用于控制文件窗口显示大小的窗口最小化、窗口最大化（还原窗口）、关闭窗口等几个快捷按钮。

图1-4　工作界面

步骤03 在默认的情况下，菜单栏位于标题栏的下方，它是由"文件""编辑""对象""文字""选择""效果""视图""窗口""帮助"9 个菜单组成，包含了操作过程中需要的所有命令，单击可弹出下拉菜单，如图1-5 所示。

> **技巧**：如果菜单中的命令显示为灰色，则表示该命令在当前编辑状态下不可用；如果在菜单右侧有一个三角符号 ▶，则表示此菜单包含有子菜单，只要将鼠标指针移动到该菜单上，即可打开其子菜单；如果在菜单右侧有省略号…，则执行此菜单项目时将会弹出与之有关的对话框。

步骤04 Illustrator 的工具箱位于工作界面的左边，所有工具全部放置到工具箱中；如果要使用工具箱中的工具，只要单击该工具图标即可；如果该图标中还有其他工具，单击鼠标右键，即可弹出隐藏工具栏，选择其中的工具即可。如图1-6 所示为就是 Illustrator 的工具箱（此工具箱为 CC 版本的）。

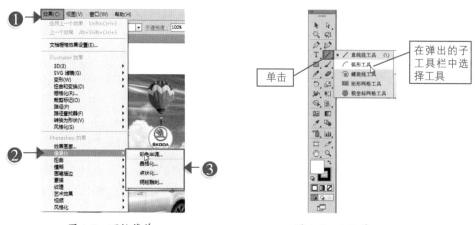

图1-5　下拉菜单　　　　　　　　　图1-6　工具箱

技巧：Illustrator 从 CS3 版本开始，只要在工具箱顶部单击三角形转换符号，就可以将工具箱的形状在单长条和短双条之间变换，如图 1-7 所示。

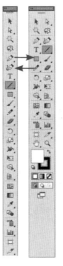

图 1-7　工具箱

步骤 05 Illustrator 的属性栏（选项栏）提供了控制工具属性的选项，其显示内容根据所选工具的不同而发生变化，选择相应的工具后、Illustrator 的属性栏（选项栏）将显示该工具可使用的功能和可进行的编辑操作等。属性栏一般被固定存放在菜单栏的下方。如图 1-8 所示就是使用 ▣ （矩形工具）绘制矩形后，显示的该工具的属性栏。

图 1-8　矩形工具属性栏

步骤 06 工作区域是绘图、编辑图形的工作区域。用户还可以根据需要执行"视图"菜单中的命令来控制工作区内的显示内容。

步骤 07 面板组是放置面板的地方，根据工作区的不同，会显示与该工作相关的面板，位于界面的右侧。将常用的面板集合到一起，用户可以随时切换以访问不同的面板内容。

步骤 08 工作窗口可以显示当前图像的文件名、颜色模式和显示比例等信息。

步骤 09 状态栏在图像窗口的底部，用来显示当前打开文件的一些信息，如图 1-9 所示。单击三角符号打开子菜单，再选择"显示"命令，即可显示状态栏包含的所有可显示选项。

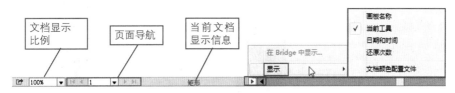

图 1-9　状态栏

其中的各项含义如下。

● 文档显示比例：用来设置当前文档工作区域的显示大小。

● 页面导航：用来控制文档的工作页面。

- 当前文档显示信息：应用工具、画板名称等信息。
  > 画板名称：选择此项后，显示当前文档的画笔名称。
  > 当前工具：选择此项后，显示当前使用的工具。
  > 日期和时间：选择此项后，显示当前文档的日期和时间。
  > 还原次数：选择此项后，显示当前所编辑图形操作的步骤内容。
  > 文档颜色配置文件：选择此项后，显示当前文档的颜色配置文件信息。

实例3　新建文档

（实例思路）

让大家了解在 Illustrator CC 中新建文档的方法和创建过程。

（实例要点）

- 启动 Illustrator CC
- "新建文档"对话框
- 新建文档
- 从模板新建文档

（操作步骤）

1. 从菜单新建

步骤01 单击桌面左下方的"开始"按钮，将鼠标指针移动到"所有程序"选项上，右侧展开下一级子菜单；再将鼠标指针移至 Adobe 选项上，展开下一级子菜单；最后将鼠标指针移至 Adobe Illustrator CC 选项，如图 1-10 所示。

图 1-10　启动菜单

提示：如果在电脑桌面上创建有 Illustrator CC 快捷方式，在 **Ai** 图标上双击，也可快速
地启动 Illustrator CC。

步骤 02 在 Adobe Illustrator CC 选项上单击鼠标左键，即可启动 Illustrator CC，如图 1-11 所示，
默认系统会打开 Illustrator CC 的软件界面，如图 1-12 所示。

图 1-11　启动界面

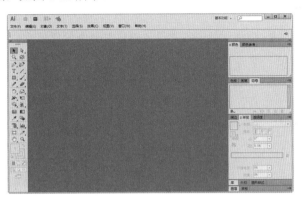

图 1-12　Illustrator CC 软件界面

步骤 03 执行菜单"文件 / 新建"命令，系统会弹出如图 1-13 所示的"新建文档"对话框。

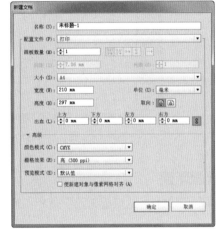

图 1-13　新建文档

其中的各项含义如下。

● 名称：设置新建文件的名称。

● 配置文件：选择用于本文档的设置。

● 画板数量：设置当前新建文档的页数。

● 排列方式：设置画板之间的排列方式。

● 间距：设置两个画板之间的距离。

● 列数：设置每行画板的数量。

● 大小：可以选择已经设置好的文档大小，例如 A4、A5、信封等。

● 宽度 / 高度：设置新建文档的宽度与高度。

- 单位：设置当前文档的显示单位，包括像素、英寸、厘米、毫米、点、派卡、列等。
- 取向：可以将设置的文档以横幅或直幅形式新建，也就是将"宽度"和"高度"互换。
- 出血：出血线主要是让印刷画面超出那条线，然后在裁切的时候就算有一点点的偏差也不会让印出来的东西作废。
- 颜色模式：指定新建文档的颜色模式。如果是用于印刷的平面设计，一般选择 CMYK 模式；如果用于网页设计，则应该选择 RGB 模式。
- 栅格效果：用来设置栅格图形添加特效时的特效分辨率，值越大，分辨率越高，图像所占空间越大，图像越清晰。
- 预览模式：用来设置文档的显示视图模式。可以选择默认值、像素和叠印，一般选择默认值。

步骤04 设置完毕，单击"确定"按钮，系统自动新建一个空白文档，如图 1-14 所示。

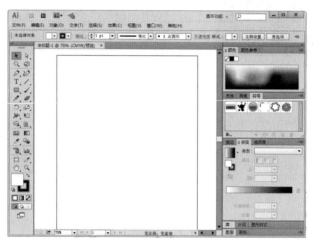

图 1-14　新建的空白文档

2. 从模板新建

步骤01 执行菜单"文件 / 从模板新建"命令，弹出"从模板新建"对话框，如图 1-15 所示。

图 1-15　从模板新建文件

步骤02 在"从模板新建"对话框中，选择"卡通鼠"文件，单击"新建"按钮，即可从模板新建一个文档，如图 1-16 所示。

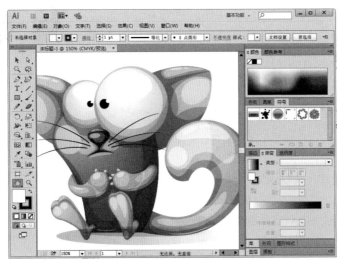

图 1-16　新建的模板文件

实例 4　打开文档

实例思路

以"孔雀 .ai"文件为例，讲解通过执行菜单 "文件 / 打开"命令，将选择的文档打开，如图 1-17 所示。

图 1-17　孔雀文档

实例要点

▶ 打开"打开"对话框　　　　　▶ 打开"孔雀 .ai"文件

操作步骤

步骤01 打开 Illustrator CC 软件。

步骤02 执行菜单"文件 / 打开"命令，在弹出的"打开"对话框中，选择"孔雀 .ai"文件，如图 1-18 所示。

图 1-18　"打开"对话框

> **技巧**：按键盘上的 Ctrl+O 快捷键，可直接弹出"打开"对话框，快速打开文件；在文件名称上双击，也可将该文档打开。

步骤03 单击"打开"按钮，打开"孔雀 .ai"文件，如图 1-19 所示。

图 1-19　打开"孔雀 .ai"文件

> **技巧**：高版本的 Illustrator 可以打开低版本的 ai 文件，但低版本的 Illustrator 不能打开高版本的 ai 文件。解决的方法是在保存文件时选择相应的低版本。

> **提示**：安装 Illustrator 软件后，系统能自动识别 ai 格式的文件，在 ai 格式的文件上双击，无论 Illustrator 软件是否启动，即可用 Illustrator 软件打开该文件。

实例 5 置入素材

（实例思路） -

在使用 Illustrator 绘图时，有时需要从外部导入非 Illustrator 格式的图片文件，下面我们将通过实例讲解导入非 Illustrator 格式的外部图片的方法。

- -

（实例要点） -

▶ 打开"置入"对话框   ▶ 直接拖动图像导入

▶ 单击"置入"按钮

- -

（操作步骤） -

步骤 01 执行菜单"文件 / 新建"命令，新建一个空白文档。

步骤 02 执行菜单"文件 / 置入"命令，如图 1-20 所示，弹出"置入"对话框。

步骤 03 在"置入"对话框的查找路径中，选择"素材\第 1 章\拔河 .jpg"文件，如图 1-21 所示。

图 1-20　选择"置入"命令

图 1-21　选择置入的图片

步骤 04 单击"置入"按钮，在页面中直接单击，可以将素材按图像大小置入到文档中，如图 1-22 所示。

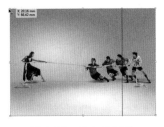

图 1-22　置入的图片

步骤05 单击"置入"按钮，在页面中通过拖曳的方式，可以将素材按照拖曳框的大小置入素材，如图 1-23 所示。

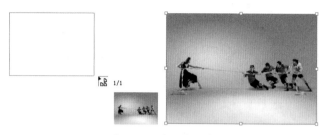

图 1-23　置入的图片

实例6　查看方式

实例思路

在绘制图形时，为了方便调整图形的整体和局体效果，可以按需要缩放和调整视图的显示方式。

实例要点

▶▶ 使用状态栏中的缩放级别按钮放大视图　　▶▶ 运用缩放工具显示 100% 大小

▶▶ 运用缩放工具框选放大　　▶▶ 运用抓手工具按照界面显示全部图像

▶▶ 运用缩放工具局部放大　　▶▶ 使用"导航器"面板控制图像显示

操作步骤

步骤01 新建空白文档。

步骤02 执行菜单"文件/打开"命令，在弹出的"打开"对话框中，选择"素材\第 1 章\卡通鼠 .ai"文档，如图 1-24 所示。

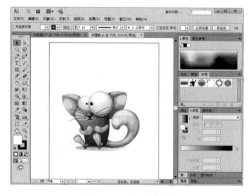

图 1-24　打开素材

步骤 03 在状态栏中，单击缩放级别右侧的 按钮，在弹出的下拉列表中选择 150% 选项。

步骤 04 按键盘上的 Enter 键，图形在页面中将以 150% 显示，如图 1-25 所示。

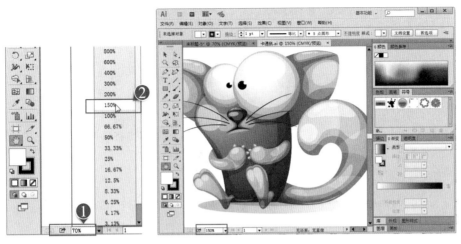

图 1-25　放大到 150% 显示状态

步骤 05 在工具箱中选择 （缩放工具），在文档上单击，可以将图像放大；框选图像，松开鼠标后即可放大图像，如图 1-26 所示。

单击放大　　　　　　框选　　　　　　框选放大

图 1-26　放大

技巧: 使用 （缩放工具）缩放图像时，按住 Alt 键单击可以将图像缩小，如图 1-27 所示。

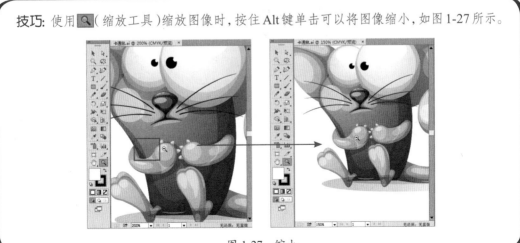

图 1-27　缩小

步骤06 在 🔍（缩放工具）图标上双击鼠标，会将文档显示自动按 100% 显示，如图 1-28 所示。

步骤07 在 ✋（抓手工具）图标上双击鼠标，会将文档按当前界面显示全部图像，如图 1-29 所示。

图 1-28　100% 显示

图 1-29　显示全部

步骤08 使用"导航器"面板也可以控制图像的显示比例。拖曳三角形滑块（缩放滑块）可以自由地将图像放大或缩小。在左下角数值框中输入数值，按 Enter 键也可以将图像放大或缩小；单击面板中的 ◢（放大按钮）或 ◣（缩小按钮），可以按一定的比例放大或缩小图像，如图 1-30 所示。

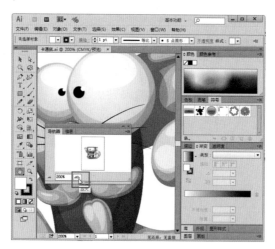
图 1-30　"导航器"面板

 实例 7　不同模式的显示效果

（实例思路）

　　Illustrator 支持 4 种显示模式，包含预览模式、轮廓模式、叠印预览模式和像素预览模式。运用 Illustrator 支持的显示模式，可以释放电脑资源，提高 Illustrator 的运行速度。

实例要点

▶ 熟悉预览模式显示状态　　　　　　▶ 熟悉叠印预览模式显示状态

▶ 熟悉轮廓模式显示状态　　　　　　▶ 熟悉像素预览模式显示状态

操作步骤

步骤 01 打开"素材\第1章\斑马.ai"文档,如图1-31所示。

步骤 02 执行菜单"视图/轮廓"命令,只显示对象的轮廓,其渐变、立体、单色填充和渐变填充等效果都被隐藏,可更方便快捷地选择和编辑对象,效果如图1-32所示。

图 1-31　素材图形

图 1-32　轮廓显示效果

> **技巧**:按键盘上的 Ctrl+Y 快捷键,可以在轮廓与预览显示状态之间转换。

步骤 03 执行菜单"视图/预览"命令,会将轮廓模式转换成预览模式,效果如图1-31所示。

> **提示**:预览模式即打印预览模式,在该模式下会显示图形的大部分细节,如颜色及各对象的位置关系等,而且色彩显示与打印出来的效果十分接近。但是它占用的内存比较大,如果图形较复杂时,显示或刷新速度比较慢。

步骤 04 执行菜单"视图/叠印预览"命令,可将当前视图快速切换到叠印预览模式,效果如图1-33所示。

步骤 05 执行菜单"视图/像素预览"命令,将绘制的矢量图形转换为位图显示,这样可以有效地控制图像的精确度和尺寸等。在不改变显示比例的情况下,效果同叠印预览模式一样,使用缩放工具放大后,图像会失真,出现明显的像素点,效果如图1-34所示。

图 1-33　叠印预览

图 1-34　像素预览

实例8　标尺、参考线与网格

实例思路

　　利用标尺和网格，能够确切地了解当前查看的图像在文档中所处的位置。参考线的设置和标尺及网格的设置一样，都是为了更好地对齐对象。

实例要点

▶▶ "打开"命令的使用

▶▶ 标尺、参考线和网格的显示与隐藏

▶▶ "文档设置"对话框中关于参考线和网格的设置

操作步骤

步骤01 打开"素材\第1章\长颈鹿.ai"文档，如图1-35所示。

步骤02 执行菜单"视图/显示标尺"命令（快捷键为Ctrl+R），显示出标尺，效果如图1-36所示，默认标尺单位为"毫米"。

图1-35　打开素材

图1-36　标尺显示效果

> **技巧**：在绘制图形的过程中，标尺作为辅助工具，用于确定对象的大小和位置，但是在使用标尺之前，应先确定标尺原点的位置。

步骤03 如果需要设置标尺的显示单位，执行菜单"编辑/首选项/单位"命令，弹出"首选项"对话框，单击"常规"下拉按钮，选择"厘米"选项，如图1-37所示。

步骤04 设置完毕，单击"确定"按钮，效果如图1-38所示。

步骤05 更改当前文件标尺的单位，也可以直接将鼠标指针指向标尺，单击鼠标右键，在弹出的快捷菜单中选择"厘米"命令，如图1-39所示。

步骤06 执行菜单"文件/文档设置"命令（快捷键为Ctrl+Alt+P），弹出"文档设置"对话框，将"单位"设置为"厘米"，单击"确定"按钮完成设置，如图1-40所示。

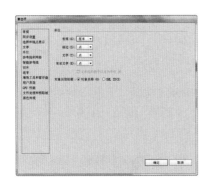

图 1-37　首选项

图 1-38　更改单位后

图 1-39　更改标尺

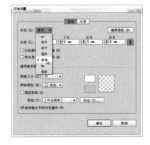

图 1-40　文档设置

步骤⑦ 标尺的坐标原点在默认状态下显示在工作页面的左下角，如果想要更改坐标原点的位置，在水平标尺与垂直标尺的交界处，按住鼠标左键并将其拖曳到页面任意位置，释放鼠标左键后即可将坐标原点设置在此处。如果想恢复坐标原点的位置，双击水平标尺与垂直标的交界处即可。

步骤⑧ 在绘制图形的过程中，参考线可以在绘图页面的任意位置，帮助对齐对象。参考线也是对象，能被选择、移动和删除。如果要增加参考线，可以按住鼠标左键并在水平或垂直标尺上向页面中拖曳，即可拖曳出水平或垂直参考线，如图 1-41 所示。

步骤⑨ 执行菜单栏"视图 / 参考线 / 锁定参考线"命令（快捷键为 Ctrl+Alt+；），将参考线进行锁定后，无法对其执行选择和移动操作。

步骤⑩ 智能参考线用于辅助作图，执行菜单"视图 / 智能参考线"命令（快捷键为 Ctrl+U），当鼠标指针指向某一对象时，智能参考线会高亮显示并显示提示信息，如图 1-42 所示。

图 1-41　参考线

图 1-42　智能参考线

技巧：执行菜单"视图 / 参考线 / 隐藏参考线"命令（快捷键为 Ctrl+；），可将参考线暂时隐藏。

步骤⑪ 执行菜单"视图 / 参考线 / 清除参考线"命令，可以清除参考线。

步骤⑫ 如果需要设置参考线的颜色和线型样式，则可执行菜单"编辑 / 首选项 / 参考线和网格"命令，弹出"首选项"对话框，如图 1-43 所示。

步骤⑬ 网格用于对齐对象，执行菜单"视图 / 显示网格"命令（快捷键为 Ctrl+"）；显示出网格，如果需要设置网格的颜色、样式、间距等属性，执行菜单"编辑 / 首选项 / 参考线和网格"命令，弹出"首选项"对话框，如图 1-44 所示。

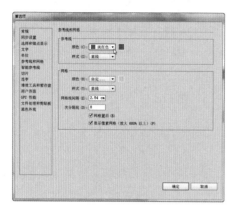

图 1-43　参考线设置

图 1-44　网格设置

步骤⑭ 执行菜单栏"视图 / 隐藏网格"命令，可以隐藏网格。

> 技巧：在图 1-44 中，"颜色"选项用于设置网格线的颜色；"样式"选项用于设置网格线样式；"网格线间隔"选项用于设置网格线的间距；"次分隔线"选项用于设置分隔线的多少；"网格置后"选项用于设置网格线显示在图形的上方还是下方。

实例 9　存储、关闭与导出文件

（实例思路） -

学习在 Illustrator 中保存、关闭和导出文件的操作。

- -

（实例要点） -

▶▶ 打开"存储为"对话框　　　　　　▶▶ 保存文件

▶▶ 选择存储路径和文件夹　　　　　　▶▶ 关闭文件

▶▶ 输入文件名　　　　　　　　　　　▶▶ 导出文件

- -

1. 存储文件

"存储"或"存储为"命令可以将新建文档或处理完的图像进行储存。

（操作步骤）------------------------------------

步骤01 完成之前的操作。

步骤02 如果是第一次存储，执行菜单"文件 / 储存"命令，即可弹出如图 1-45 所示的"存储为"对话框；如果对编辑过的文档进行新的存储，执行"存储为"命令，同样可以打开"存储为"对话框。在对话框的"保存在"下拉列表中选择保存文件的路径和文件夹，在"文件名"下拉列表框中输入文件名。

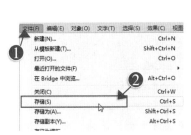

图 1-45　打开"存储为"对话框

技巧：按键盘上的 Ctrl+S 快捷键，也可以弹出"存储为"对话框，快速保存文件。

提示：在"保存类型"下拉列表中，Adobe Illustrator(ai) 格式为 Illustrator 的标准格式，方便在下次打开时对所绘制的图形进行修改。

步骤03 单击"保存"按钮，即可对文件进行存储。

提示：已经保存的文件再进行修改，可选择"文件 / 保存"命令，直接保存文件。此时，不再弹出"存储为"对话框。也可将文件换名保存，即执行"文件 / 存储为"命令，在弹出的"存储为"对话框中，重复前面的操作，在"文件名"下拉列表框中重新更换一个文件名，再进行保存。

技巧：通过按键盘上的 Ctrl+Shift+S 快捷键，可在"存储为"对话框中的"文件名"下拉列表框中用新名保存绘图。

2. 关闭文件

"关闭"命令可以将当前的工作窗口关闭。

操作步骤

步骤01 执行菜单"文件 / 关闭"命令，或单击菜单栏右侧的 × 按钮，如图 1-46 所示。

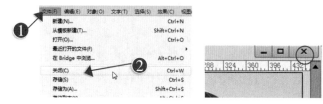

图 1-46　关闭文件

步骤02 此时，如果文件没有任何改动，则文件将直接关闭。如果文件进行了修改，将弹出如图 1-47 所示的对话框。

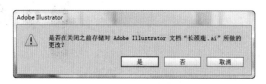

图 1-47　Adobe Illustrator 对话框

> **注意**：单击"是"按钮，保存文件的修改，并关闭文件；单击"否"按钮，将关闭文件，不保存文件的修改；单击"取消"按钮，取消文件的关闭操作。

> **技巧**：按键盘上的 Ctrl+W 快捷键，可以快速对当前工作窗口进行关闭。

3. 导出文件

"导出"命令可以将当前处理的 ai 文档，导出为其他图像格式。

操作步骤

步骤01 执行菜单"文件 / 导出"命令，打开"导出"对话框，在"保存类型"下拉列表中选择 JPEG 格式，设置文件名称和保存路径，单击"导出"按钮，如图 1-48 所示。

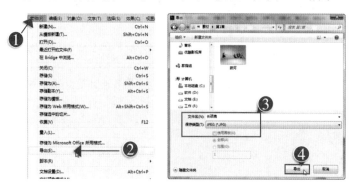

图 1-48　导出文件

步骤02 弹出如图 1-49 所示的对话框。

步骤03 单击"确定"按钮，完成文件的导出，如图 1-50 所示。

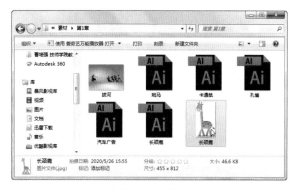

图 1-49　"JPEG 选项"对话框　　　　　　　图 1-50　导出后

本章练习与习题

练习

1. 新建空白文档。

2. 置入"素材 \ 第 1 章 \ 拔河 .jpg"文件。

习题

1. 在 Illustrator 工具箱的最底部可设定三种不同的窗口显示模式：标准模式、带菜单栏的全屏显示模式和不带菜单栏的全屏显示模式，请问在英文状态下，按哪个键可在 3 种模式之间进行切换？（　　）

A. Alt 键　　　　　　B. Ctrl 键　　　　　　C. Shift 键　　　　　　D. F 键

2. 按哪个键可将桌面上除工具箱以外的所有的浮动面板全部隐藏？（　　）

A. Alt 键　　　　　　B. Ctrl 键　　　　　　C. Shift 键　　　　　　D. F 键

3. 在 Adobe Illustrator 中，若当前文件中的图形复杂，为了加快屏幕刷新速度，最直接快速并且简单的方式是什么？（　　）

A. 增加运行所需的内存

B. 增加运行所需的显示内存

C. 将当前不编辑的部分隐藏

D. 通过"视图 / 轮廓"命令使图形只显示线条部分

第 2 章

直线与曲线绘制

在日常生活中，使用绘图工具，如直尺、圆规等，可以很容易地绘制出直线、曲线。计算机中运用 Illustrator CC 软件，要如何绘制直线、曲线呢？本章将为大家具体讲解直线与曲线工具的应用。

本章内容

▶▶ 使用直线段工具绘制购物筐　　▶▶ 使用钢笔工具绘制卡通骰子

▶▶ 使用弧形工具绘制装饰画　　　▶▶ 使用铅笔工具绘制水面

▶▶ 使用螺旋线工具绘制螺纹线条　▶▶ 使用极坐标网格工具绘制靶盘

▶▶ 使用曲率工具绘制卡通蜻蜓　　▶▶ 使用矩形网格工具绘制棋盘

实例 10 使用直线段工具绘制购物筐

（实例思路） --

　　 ✎ （直线段工具）是 Illustrator 中一个用来绘制直线的工具，通过对直线端点的设置，可以绘制圆头端点的直线。本实例将直线设置成不同粗细后，调整位置，将其拼成一个购物筐图形，具体操作流程如图 2-1 所示。

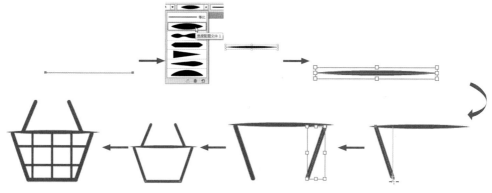

图 2-1　流程图

（实例要点） --

▶▶ 新建文档　　　　　　　　　　　　▶▶ 水平镜像

▶▶ 直线段工具的使用方法　　　　　　▶▶ 复制

▶▶ 设置端点

（操作步骤） --

步骤 01 执行菜单"文件 / 新建"命令或 Ctrl+N 快捷键，打开"新建文档"对话框，所有参数采用默认设置，单击"确定"按钮，新建一个空白文档。

步骤 02 在工具箱中选择 ✎ （直线段工具），在页面中水平绘制一条直线段，在属性栏中设置"描边"为 10pt，如图 2-2 所示。

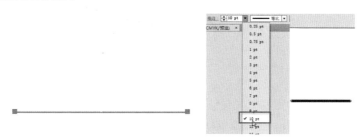

图 2-2　绘制直线段

技巧：使用 （直线段工具）绘制直线时，按住 Shift 键可在页面中绘制出水平、垂直或 45° 及其倍数的直线，如图 2-3 所示；按住 Alt 键可在页面中绘制出以鼠标落点为中心的直线，如图 2-4 所示。

图 2-3　绘制水平、垂直或 45° 及其倍数的直线　　　图 2-4　以鼠标落点为中心的直线

技巧：使用 （直线段工具）绘制直线时，按住 ~ 键，在页面中合适的位置按住鼠标左键拖曳，释放鼠标左键后，即可绘制出多条直线，如图 2-5 所示；按住 ~+Alt 快捷键，在页面中合适的位置按住鼠标左键，释放鼠标左键，即可绘制出以鼠标落点为中心的多条任意角度的直线，如图 2-6 所示；按住 ~+Alt+Shift 快捷键，在页面中合适的位置按住鼠标左键，释放鼠标左键，即可以绘制多条以鼠标落点为中心的 45° 倍数角的直线，如图 2-7 所示。

 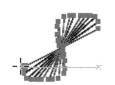 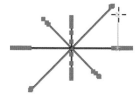

图 2-5　绘制多条直线　　图 2-6　以鼠标落点为中心的　　图 2-7　以鼠标落点为中心的 45°
　　　　　　　　　　　　　　　　　　多条直线　　　　　　　　　　倍数角的直线

步骤 03 在属性栏中设置"变量宽度配置文件"为"宽度配置文件 1"，效果如图 2-8 所示。

步骤 04 在工具箱中双击"描边"图标，打开"拾色器"对话框，将描边颜色设置为红色，如图 2-9 所示。

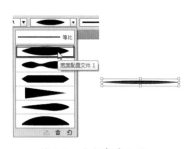 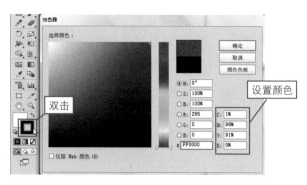

图 2-8　改变宽度配置　　　　　　　　　　图 2-9　设置颜色

步骤 05 在属性栏中将"变量宽度配置文件"设置为"等比"，使用 （直线段工具）在刚才绘制的直线下面绘制一条直线，如图 2-10 所示。

图 2-10　绘制直线

技巧：选择工具箱中的◢（直线段工具）后，在页面空白处单击鼠标左键，系统会打
　　　开如图 2-11 所示的"直线段工具选项"对话框，设置"长度"与"角度"后，
　　　单击"确定"按钮，可以绘制精确的直线段。

图 2-11　"直线段工具选项"对话框

其中的各项含义如下。

● 长度：用来设置绘制直线段的长短。

● 角度：用来设置绘制直线段的角度。

● 线段填色：用来设置直线段的填色。

步骤06 执行菜单"窗口/描边"命令，打开"描边"面板，设置"端点"为"圆头端点"，如图 2-12 所示。

步骤07 在工具箱中双击🔳（镜像工具），打开"镜像"对话框，选中"垂直"单选按钮，其他参数不变，如图 2-13 所示。

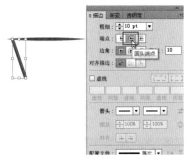

图 2-12　设置端点　　　　图 2-13　"镜像"对话框

步骤08 设置完毕，单击"复制"按钮，再使用🔺（选择工具）将复制的镜像对象向右移动，如图2-14所示。

步骤09 使用🔺（选择工具）选择复制的直线，按住 Alt 键的同时向上拖曳，复制一个副本，拖动控制点将其缩小。再将鼠标拖动到控制点上，当鼠标指针变为旋转符号时，拖动其进行旋转，如图 2-15 所示。

图 2-14　移动镜像对象　　　　　图 2-15　复制并旋转

步骤⑩ 在工具箱中双击 ■（镜像工具），打开"镜像"对话框，选中"垂直"单选按钮，其他参数不变。设置完毕，单击"复制"按钮，再使用 ▶ （选择工具）将复制的镜像对象向左移动，如图 2-16 所示。

步骤⑪ 使用 ■（直线段工具）在底部绘制一条直线，如图 2-17 所示。

步骤⑫ 在页面的空白处单击鼠标，取消对直线的选择，再在属性栏中将"描边"设置为 6pt，使用 ■（直线段工具）绘制两条水平直线，如图 2-18 所示。

图 2-16　镜像复制　　　　图 2-17　绘制直线　　　　图 2-18　绘制两条水平直线

> 提示：使用 ■（直线段工具）绘制直线后，要想在重新绘制的直线中使用新的属性，就得取消选择刚才绘制的直线。设置属性后，再绘制就可以使用新的属性了。

步骤⑬ 使用 ■（直线段工具）绘制两条垂直直线，至此本例制作完毕，效果如图 2-19 所示。

图 2-19　最终效果

 实例 11　使用弧形工具绘制装饰画

实例思路

　　 ■（弧形工具）是 Illustrator 中一个用来绘制弧形和弧线的工具。本案例通过设置绘制多弧线的方法，绘制一朵由弧线组成的花，再插入一个云彩符号，完成装饰画的绘制，具体操作流程如图 2-20 所示。

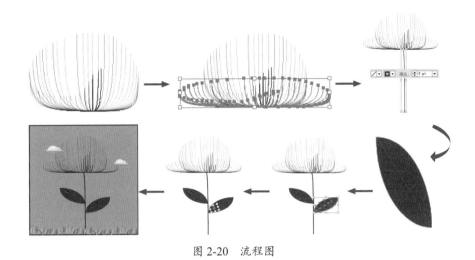

图 2-20 流程图

实例要点

▶ 新建文档   ▶ 自由变换工具的使用

▶ 弧形工具的使用   ▶ 选择并插入符号

操作步骤

步骤01 执行菜单"文件 / 新建"命令或按 Ctrl+N 快捷键，打开"新建文档"对话框，所有参数采用默认选项，单击"确定"按钮，新建一个空白文档。

步骤02 在工具箱中选择 （弧形工具），在页面中单击鼠标，打开"弧线段工具选项"对话框，设置"斜率"为 -78，其他参数不用设置，如图 2-21 所示。

其中的各项参数含义如下。

● X 轴长度：文本框中输入弧形水平长度值。

● Y 轴长度：文本框中输入弧形垂直长度值。

● 基准点：可以设置弧线的基准点。

● 类型：下拉列表中选择弧形为开放路径或封闭路径。

● 基线轴：下拉列表中选择弧形方向，指定 X 轴 (水平) 或 Y 轴 (垂直) 基准线。

● 斜率：指定弧形斜度的方向，负值偏向"凹"方，正值偏向"凸"方，也可以直接拖动下方的滑块来指定斜率。

● 弧线填色：勾选此复选框后，绘制的弧线将自动填充颜色。

步骤03 设置完毕，单击"确定"按钮，将"描边"设置为"红色"，在页面中选择一点后按住~键，按照如图 2-22 所示路径绘制花朵。

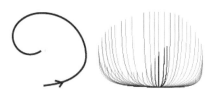

图 2-21 设置斜率　　　　　　　　图 2-22 绘制花朵

技巧：在绘制弧形或弧线的同时，按住空格键可以移动弧形或弧线的位置；按住 Alt 键可以绘制以单击点为中心，向两边延伸的弧形或弧线；按住～键可以绘制多条弧线和多个弧形；按住 Alt+～ 快捷键可以绘制多条以单击点为中心并向两端延伸的弧形或弧线。在绘制的过程中，按 C 键可以在开启和封闭弧形间切换；按 F 键可以在原点维持不动的情况下翻转弧形；按向上方向键或向下方向键，可以增加或减少弧形角度。

步骤 04 框选花朵，按住 Alt 键后按住左键向另一处移动，松开鼠标会复制一个副本，如图 2-23 所示。

步骤 05 按 Ctrl+G 快捷键将进行编组，拖动控制点将副本缩小并移动到花朵底部，效果如图 2-24 所示。

步骤 06 使用 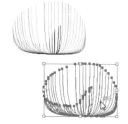（弧形工具）在花朵底部向下垂直拖曳，绘制一条弧线，效果如图 2-25 所示。

步骤 07 在属性栏中设置"描边"为 3pt，效果如图 2-26 所示。

图 2-23 复制

　　　　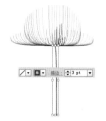

图 2-24 调整　　　图 2-25 绘制弧线　　图 2-26 调整描边

步骤 08 双击工具箱中的 （弧形工具），打开"弧线段工具选项"对话框，设置"斜率"为 50，其他参数不用设置。单击"确定"按钮，使用 （弧形工具）在页面中绘制叶子的外形，如图 2-27 所示。

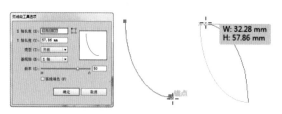

图 2-27 绘制叶子外形

步骤⑨ 使用▶(选择工具)将绘制的两条弧线选取,执行菜单"窗口/路径查找器"命令,打开"路径查找器"面板,单击◙(联集)按钮,将两条弧线合并为一个对象,再将创建联集后的对象填充为红色,如图 2-28 所示。

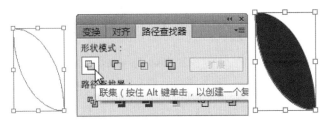

图 2-28 联集

步骤⑩ 使用☑(直线段工具)绘制一条橘红色的线条,如图 2-29 所示。

步骤⑪ 使用☑(弧形工具)在叶子上绘制弧形叶脉,如图 2-30 所示。

图 2-29 绘制直线   图 2-30 绘制弧形叶脉

步骤⑫ 使用▶(选择工具)框选整个叶子,按 Ctrl+G 快捷键将其编组,再将其拖曳到花茎上。使用▦(自由变换工具)对树叶进行变换,如图 2-31 所示。

步骤⑬ 在工具箱中双击▦(镜像工具),打开"镜像"对话框,选中"垂直"单选按钮,其他参数不变。单击"复制"按钮,再使用▶(选择工具)将复制的镜像对象向右移动,如图 2-32 所示。

图 2-31 变换

步骤⑭ 执行菜单"窗口/符号"命令,打开"符号"面板,单击"符号库菜单"按钮,在弹出的下拉菜单中选择"自然"命令,打开"自然"面板,如图 2-33 所示。

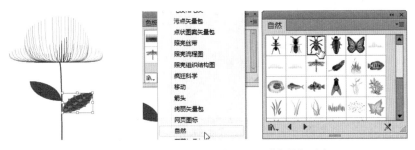

图 2-32 镜像复制   图 2-33 "自然"面板

步骤⑮ 在"自然"面板中选择甲壳虫符号,将其拖曳到花叶上,调整大小和位置,效果如图 2-34 所示。

步骤⑯ 在"自然"面板中选择草符号,将其拖曳到花朵根茎处并调整大小和位置,效果如图 2-35 所示。

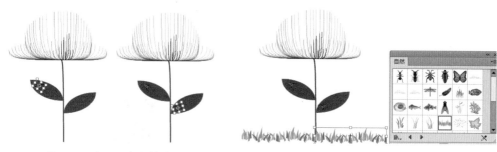

图 2-34　移入甲壳虫符号　　　　　　　图 2-35　移入草符号

步骤⑰ 使用 ▣（矩形工具）在页面中绘制一个描边为"红色"、填充为"青色"的矩形，效果如图 2-36 所示。

步骤⑱ 选择矩形后，执行菜单"对象 / 排列 / 置于底层"命令，将矩形移动到花朵后面，效果如图 2-37 所示。

图 2-36　绘制矩形　　　　　图 2-37　调整顺序

步骤⑲ 在"自然"面板中选择云彩符号，将其拖曳到花朵处并调整大小和位置，效果如图 2-38 所示。

步骤⑳ 选择云彩后，执行菜单"对象 / 排列 / 后移一层"命令或按 Ctrl+] 快捷键。多执行几次此命令，直到云彩在矩形上一层为止。至此本例制作完毕，效果如图 2-39 所示。

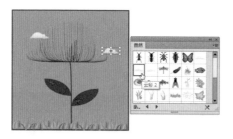

图 2-38　插入云彩符号　　　　　　图 2-39　最终效果

实例 12　　使用螺旋线工具绘制螺纹线条

（实例思路） -

◎（螺旋线工具）是 Illustrator 中一个用来绘制螺旋状图形的工具。本实例通过设置螺旋线的粗细、颜色和填充来制作一个由螺旋线组成的图形效果，具体的操作流程如图 2-40 所示。

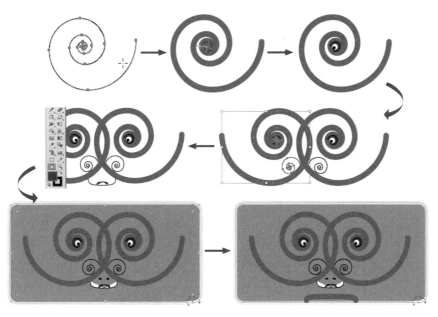

图 2-40　流程图

实例要点

▶▶ 新建文档

▶▶ 设置螺旋线工具

▶▶ 使用螺旋线工具绘制图形

▶▶ 调整螺旋线粗细

▶▶ 调整端点

▶▶ 设置弧形工具

▶▶ 绘制弧线

▶▶ 绘制椭圆

操作步骤

步骤01 执行菜单"文件 / 新建"命令或按 Ctrl+N 快捷键，打开"新建文档"对话框，所有参数都采用默认选项，单击"确定"按钮，新建一个空白文档。

步骤02 在工具箱中选择 （螺旋线工具），在页面中点击鼠标，打开"螺旋线"对话框，设置"衰减"为 80%、"段数"为 100，其他参数不用设置，如图 2-41 所示。

其中的各项参数含义如下。

● 半径：设置螺旋线的半径。

● 衰减：设置螺旋线间距的衰减比例。

● 段数：设置组成螺旋线弧线的个数。

● 样式：设置绘制螺旋线的样式，包括螺旋线的两个方向。

步骤03 设置完毕，单击"确定"按钮，此时会在页面绘制一个螺旋线，如图 2-42 所示。

 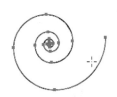

图 2-41 "螺旋线"对话框　图 2-42 绘制螺旋线

技巧：使用 （螺旋线工具）在页面中绘制螺旋线时，按住鼠标左键拖曳鼠标到合适
的位置，释放鼠标左键，即可绘制出任意角度的螺旋线；按住 Shift 键在页面中
绘制出的螺旋线，角度是被约束的，如图 2-43 所示；按住 ～ 键，可在页面中绘
制出多条不同角度的螺旋线，如图 2-44 所示。

图 2-43 绘制受约束角度的螺旋线　图 2-44 绘制多条螺旋线

步骤04 在属性栏中设置描边颜色为"灰色"、"描边"为 10pt，效果如图 2-45 所示。

步骤05 执行菜单"窗口/描边"命令，打开"描边"面板，设置"端点"为"圆头端点"，如图 2-46 所示。

图 2-45 设置描边颜色和粗细　图 2-46 设置端点

步骤06 在属性栏中设置"描边"为 1pt、描边颜色为"黑色"，使用 （螺旋线工具）在大螺
旋线中心位置拖动绘制一个螺旋线，如图 2-47 所示。

步骤07 确认绘制的螺旋线处于被选中状态，在属性栏中设置填充颜色为"红色"，效果如图 2-48
所示。

 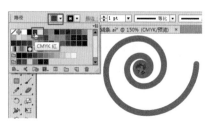

图 2-47 绘制螺旋线　图 2-48 填充

步骤 08 使用 (椭圆工具) 在红色填充的螺旋线上面绘制一个白色正圆, 在白色正圆上面再绘制一个黑色正圆, 效果如图 2-49 所示。

步骤 09 选择 (螺旋线工具), 在页面中单击鼠标, 打开 "螺旋线" 对话框, 将 "段数" 设置为 10, 其他参数不变, 单击 "确定" 按钮, 效果如图 2-50 所示。

图 2-49 绘制正圆   图 2-50 绘制螺旋线

步骤 10 使用 (选择工具) 框选所有对象, 在工具箱中双击 (镜像工具), 打开 "镜像" 对话框, 选中 "垂直" 单选按钮, 其他参数不变, 如图 2-51 所示。

步骤 11 设置完毕, 单击 "复制" 按钮, 复制一个镜像副本后, 使用 (选择工具) 将其向左拖曳, 效果如图 2-52 所示。

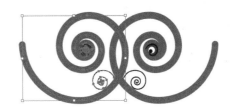

图 2-51 镜像复制   图 2-52 移动

步骤 12 在工具箱中选择 (弧形工具), 在页面中单击鼠标, 打开 "弧线段工具选项" 对话框, 设置 "斜率" 为 50, 其他参数不用设置, 如图 2-53 所示。

步骤 13 设置完毕, 单击 "确定" 按钮, 使用 (弧形工具) 在之前绘制的螺旋线上绘制一个弧形, 如图 2-54 所示。

图 2-53 "弧线段工具选项" 对话框   图 2-54 绘制弧形

步骤14 使用 （弧形工具）在另一个方向上绘制弧形，如图 2-55 所示。

步骤15 将两个弧形选中，填充"白色"，如图 2-56 所示。

图 2-55　绘制弧形

图 2-56　填充

步骤16 使用 （弧形工具）在之前绘制的弧线上再绘制两条弧线，如图 2-57 所示。

图 2-57　绘制弧线

步骤17 将两个弧形选中，填充红色，如图 2-58 所示。

步骤18 使用 （椭圆工具）绘制两个黑色椭圆形，如图 2-59 所示。

图 2-58　填充

图 2-59　绘制椭圆

步骤19 使用 （矩形工具）绘制一个青色矩形，将"描边"设置成"黑色"，调整圆角控制点，将矩形调整成圆角矩形，如图 2-60 所示。

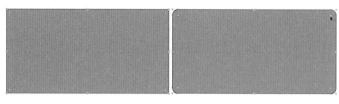

图 2-60　绘制矩形

步骤20 执行菜单"窗口 / 画笔"命令，打开"画笔"面板，选择其中的"分隔符"画笔，效果如图 2-61 所示。

步骤21 执行菜单"对象 / 排列 / 置于底层"命令或按 Shift+Ctrl+[快捷键，将矩形调整到最底层，效果如图 2-62 所示。

步骤22 选择 （弧形工具），在属性栏中设置描边颜色为"灰色"、"描边"为 10pt。使用 （弧形工具）在矩形上绘制弧线。至此本例制作完毕，效果如图 2-63 所示。

图 2-61 画笔描边

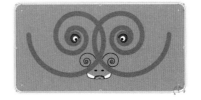

图 2-62 调整顺序

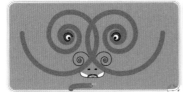

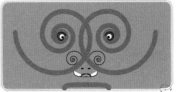

图 2-63 最终效果

实例13 使用曲率工具绘制卡通蜻蜓

（实例思路） --

（曲率工具）可简化路径创建，使绘图变得简单、直观。本实例通过绘制不同的曲率锚点，来形成需要的形状图形，在为其填充颜色后设置不透明度来制作翅膀效果，结合（实时上色工具）为不同区域填充颜色，以此来绘制卡通蜻蜓，具体操作流程如图 2-64 所示。

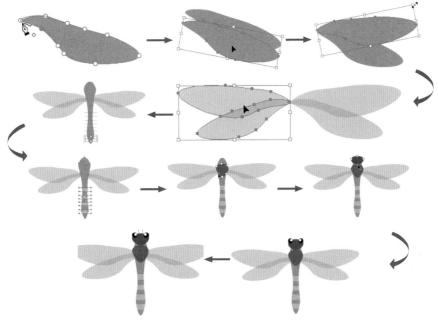

图 2-64 流程图

实例要点

- ▶ 新建文档
- ▶ 设置填充颜色
- ▶ 使用曲率工具绘制图形
- ▶ 调整不透明度

- ▶ 旋转图形
- ▶ 使用直线段工具绘制直线
- ▶ 使用实时上色工具填充颜色
- ▶ 使用椭圆工具绘制正圆

操作步骤

步骤01 执行菜单"文件/新建"命令或按 Ctrl+N 快捷键，打开"新建文档"对话框，所有参数都采用默认选项，单击"确定"按钮，新建一个空白文档。

步骤02 在属性栏中设置填充颜色为（C0，M50，Y100，K0）、描边颜色为"无"，如图 2-65 所示。

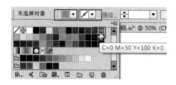

图 2-65　设置颜色

步骤03 首先绘制蜻蜓翅膀。使用 （曲率工具）在页面中的一点单击鼠标左键，移动鼠标到另一点再单击，依此类推，将鼠标拖曳到起始点。当指针右下角出现一个小圆圈后单击，完成封闭图形的绘制，如图 2-66 所示。

图 2-66　绘制图形

> **技巧**：默认情况下，工具中的橡皮筋功能已打开。要关闭该功能，执行菜单"编辑/首选项/选择和锚点显示"命令，在该对话框中关闭橡皮筋即可。

步骤04 使用 （选择工具）按住 Alt 键的同时向下拖曳，复制一个副本，将鼠标指针移到控制点上，对其进行旋转，效果如图 2-67 所示。

步骤05 选择上面的图形，将鼠标指针移到控制点上，将其进行旋转，再拖动控制点将其放大，效果如图 2-68 所示。

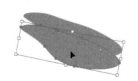

图 2-67　复制

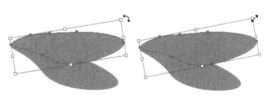

图 2-68　旋转并放大

步骤 06　框选两个图形，执行菜单"窗口/透明度"命令，打开"透明度"面板，设置"不透明度"为 43%，效果如图 2-69 所示。

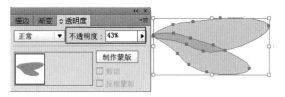

图 2-69　设置不透明度

步骤 07　在工具箱中双击 （镜像工具），打开"镜像"对话框，选中"垂直"单选按钮，其他参数不变，单击"复制"按钮，镜像复制一个副本。将副本向左移动，此时翅膀部分绘制完成，效果如图 2-70 所示。

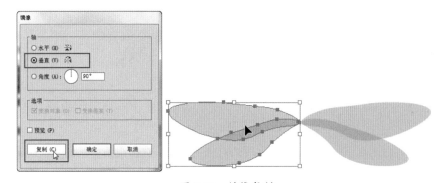

图 2-70　镜像复制

步骤 08　在属性栏中设置填充颜色为（C25，M40，Y65，K0）、描边颜色为"无"，使用 （曲率工具）在页面中的一点单击鼠标左键，移动鼠标到另一点并单击，依此类推，将鼠标拖曳到起始点。当指针右下角出现一个小圆圈后单击，完成封闭图形的绘制，效果如图 2-71 所示。

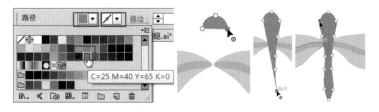

图 2-71　绘制图形

步骤 09　使用 （直线段工具）在身体上绘制直线，效果如图 2-72 所示。

图 2-72　绘制直线

步骤 10　使用 （选择工具）将线条和身体一同选取，将填充颜色设置为（C0，M35，Y85，

K0），使用 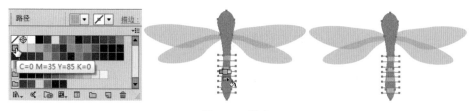（实时上色工具）在线条之间填充颜色，效果如图 2-73 所示。

图 2-73　填色

步骤⑪ 执行菜单"对象 / 扩展"命令，打开"扩展"对话框，参数不变，直接单击"确定"按钮，将实时上色后的对象进行扩展处理，效果如图 2-74 所示。

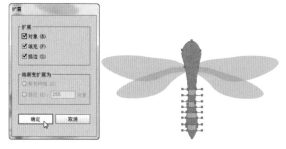

图 2-74　扩展

步骤⑫ 执行菜单"对象 / 取消编组"命令，取消对象的编组，选择线条将其删除，效果如图 2-75 所示。

图 2-75　取消编组后删除线条

步骤⑬ 选择身体，执行菜单"对象 / 排列 / 置于底层"命令，调整顺序后的效果如图 2-76 所示。

步骤⑭ 使用 （曲率工具）在身体上面绘制一个红色的图形，此时身体部分绘制完毕，效果如图 2-77 所示。

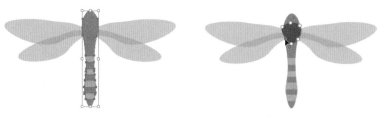

图 2-76　调整顺序　　　　　图 2-77　绘制图形

技巧：使用 （曲率工具）绘制图形，选择其中的锚点后，可以通过拖曳的方式来改变图形的形状。

步骤⑮ 下面绘制头部。使用 ▨（曲率工具）在身体上面绘制一个灰色的头像图形，效果如图 2-78 所示。

步骤⑯ 使用 ▭（椭圆工具）绘制黑色正圆和白色正圆，作为蜻蜓的眼睛，如图 2-79 所示。

步骤⑰ 选择眼睛，在工具箱中双击 ▨（镜像工具），打开"镜像"对话框，选中"垂直"单选按钮，其他参数不变。单击"复制"按钮，镜像复制一个副本，将副本向右移动，如图 2-80 所示。

步骤⑱ 使用 ▨（曲率工具）在头部绘制触须，使用 ▭（椭圆工具）绘制一个黑色正圆，如图 2-81 所示。

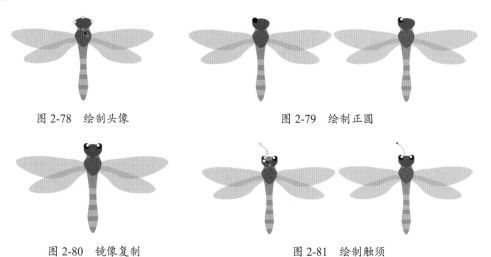

图 2-78　绘制头像　　　　　　　　　　　　图 2-79　绘制正圆

图 2-80　镜像复制　　　　　　　　　　　　图 2-81　绘制触须

> **技巧：** 使用 ▨（曲率工具）绘制不封闭的曲线时，要想得到需要的曲线形状，只要按住 Esc 键就可以了。

步骤⑲ 选择整个触须，在工具箱中双击 ▨（镜像工具），打开"镜像"对话框，选中"垂直"单选按钮，其他参数不变。单击"复制"按钮，镜像复制一个副本，将副本向右移动，至此本例绘制完毕，效果如图 2-82 所示。

图 2-82　最终效果

实例 14　使用钢笔工具绘制卡通骰子

（实例思路） --

　　 ▨（钢笔工具）是 Illustrator CC 中一个专门绘制直线与曲线的工具，而且还能在绘制过程中添加和删除节点。本实例使用 ▨（钢笔工具）绘制封闭图形，填充颜色后设置不透明度，具体操作流程如图 2-83 所示。

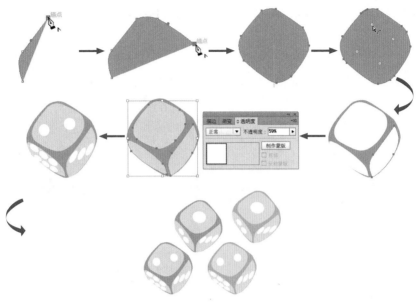

图 2-83　流程图

实例要点

▶ 新建文件　　　　　　　　　　▶ 绘制椭圆

▶ 使用钢笔工具绘制图形　　　　▶ 变换图形

▶ 设置不透明度

操作步骤

步骤01 执行菜单"文件/新建"命令或按 Ctrl+N 快捷键，打开"新建文档"对话框，所有参数都采用默认选项，单击"确定"按钮，新建一个空白文档。

步骤02 在属性栏中设置填充颜色为（C70，M15，Y0，K0）、描边颜色为"无"，如图 2-84 所示。

步骤03 首先绘制骰子的整体形状。使用（钢笔工具）在页面中的一点单击鼠标左键，移动鼠标到另一点后按住鼠标拖曳，将绘制的直线转换为曲线，再移到另一点单击创建锚点，如图 2-85 所示。

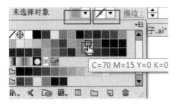
图 2-84　设置颜色

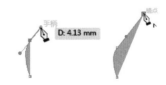
图 2-85　绘制形状

技巧：选择 （钢笔工具），在页面中单击鼠标左键，移动到另一位置单击能够绘制直线；到第二点按住鼠标拖动，会得到一条与前一点形成的曲线，按 Enter 键完成绘制，如图 2-86 所示。

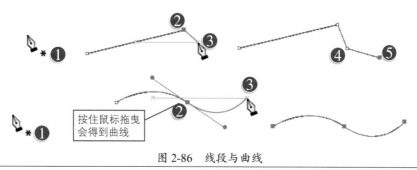

图 2-86　线段与曲线

技巧：如果想结束路径的绘制，按住 Ctrl 键的同时在路径以外的空白处单击鼠标即可；在绘制直线时，按住 Shift 键的同时单击，可以绘制水平、垂直或成 45°的直线；在绘制过程中，按住空格键可以移动锚点的位置，按住 Alt 键可以将两个控制柄分离成为独立的控制柄。

技巧：使用（钢笔工具）在页面中绘制一条直线后，将鼠标指针移到线段的末端节点上，此时光标变为形状，单击鼠标会将新线段与之前的线段末端相连接，向另外方向拖曳鼠标，单击即可创建一个新的直线节点，依此类推可以绘制连续的直线线段，如图 2-87 所示。连续曲线的方法与直线方法是一样的，只是在绘制时需要按曲线的方式进行绘制。

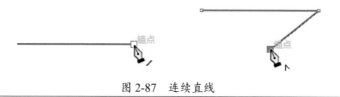

图 2-87　连续直线

步骤 04 移动到另一点后按住鼠标拖曳，调整曲线。再次移到另一点并单击，创建锚点，如图 2-88 所示。

步骤 05 依此类推，当终点与起点相交时，光标变为形状，此时单击鼠标会完成封闭路径的创建，如图 2-89 所示。

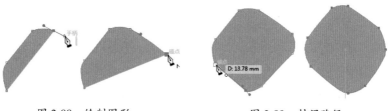

图 2-88　绘制图形　　　　　　　图 2-89　封闭路径

技巧：使用 🖊（钢笔工具）在页面中已经绘制的路径上单击，当选择点不是锚点时，鼠标指针变为 🖊₊形状，系统会自动在此处添加一个锚点，如图 2-90 所示。当单击点正好处于锚点时，系统会自动将此处的锚点删除，如图 2-91 所示。

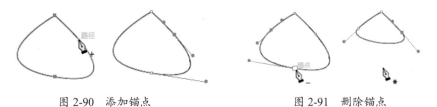

图 2-90　添加锚点　　　　　　　　　图 2-91　删除锚点

步骤 06 使用 ▶（直接选择工具）选择绘制的图形，拖动其中的圆角控制点，将直角转换为圆角，如图 2-92 所示。

步骤 07 使用 🖊（钢笔工具）在图形上面绘制 3 个白色图形，如图 2-93 所示。

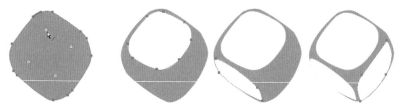

图 2-92　调整控制色　　　　　　图 2-93　绘制图形

步骤 08 使用 ▶（选择工具）按住 Shift 键，在 3 个白色图形上单击，将其一同选取，执行菜单"窗口 / 透明度"命令，打开"透明度"面板，设置"不透明度"为 59%，效果如图 2-94 所示。

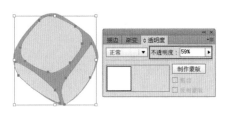

图 2-94　设置不透明度

步骤 09 使用 ⬭（椭圆工具）绘制白色椭圆，依次调整位置，效果如图 2-95 所示。

步骤 10 框选整个骰子，按住 Alt 键向右拖曳复制一个副本，如图 2-96 所示。

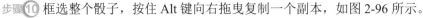

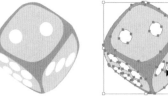

图 2-95　绘制椭圆　　　　　　图 2-96　复制

步骤 11 选择后面的骰子主体，将其填充为（C0，M35，Y85，K0）颜色，如图 2-97 所示。

步骤 12 使用同样的方法制作另两个骰子，至此本例制作完毕，效果如图 2-98 所示。

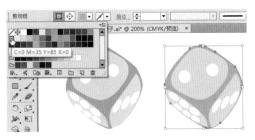

图 2-97　改变颜色　　　　　　　　　　图 2-98　最终效果

实例 15　使用铅笔工具绘制水面

实例思路

使用 ✏ （铅笔工具）可绘制闭合路径或非闭合路径，就像使用铅笔在纸张上绘图一样。本实例通过对绘制的铅笔线条进行平滑处理，将其调整成水纹效果，调整粗细后，将其进行扩展，再使用 ▶ （直接选择工具）对路径进行调整，具体操作流程如图 2-99 所示。

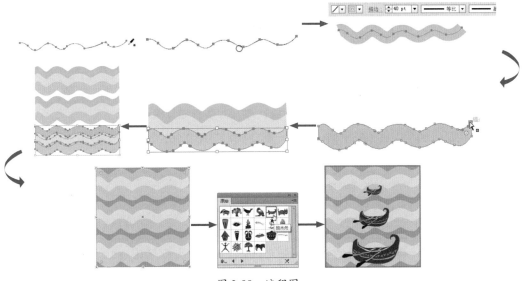

图 2-99　流程图

实例要点

- ▶▶ 新建文件
- ▶▶ 使用铅笔工具绘制图形
- ▶▶ 使用平滑工具对铅笔路径进行平滑处理
- ▶▶ 调整描边粗细
- ▶▶ 扩展
- ▶▶ 调整路径
- ▶▶ 绘制矩形
- ▶▶ 插入独木舟符号

操作步骤 ----------

步骤 01 执行菜单"文件 / 新建"命令或按 Ctrl+N 快捷键，打开"新建文档"对话框，所有参数都采用默认选项，单击"确定"按钮，新建一个空白文档。

步骤 02 在工具箱中双击 ▨（铅笔工具），打开"铅笔工具选项"对话框，参数值设置如图 2-100 所示。

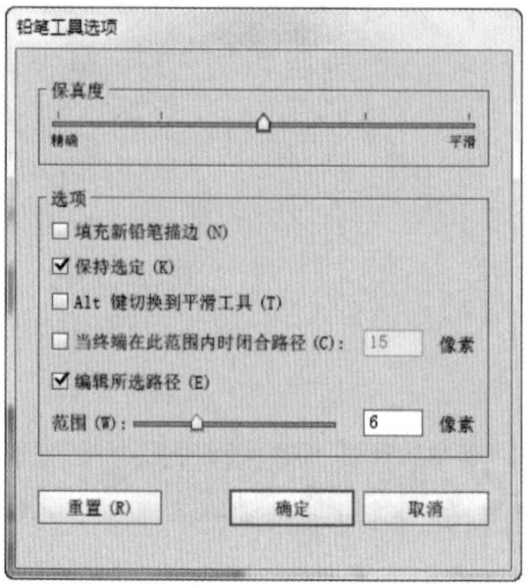

其中的各项参数含义如下。

- 保真度：设置 ▨（铅笔工具）绘制曲线时路径上各点的精确度，值越小，所绘曲线越粗糙；值越大，路径越平滑且越简单，取值范围为 0.5~20 像素之间。

- 填充新铅笔描边：勾选该复选框，在使用 ▨（铅笔工具）绘制图形时，系统会根据当前填充颜色对铅笔绘制的图形进行填色。

图 2-100　设置铅笔工具选项

- 保持选定：勾选该复选框，将使 ▨（铅笔工具）绘制的曲线处于选中状态。

- Alt 键切换到平滑工具：使用 ▨（铅笔工具）绘制曲线时，按住 Alt 键会自动将 ▨（铅笔工具）切换为 ▨（平滑工具）。

- 当终端在此范围内时闭合路径：使用 ▨（铅笔工具）绘制曲线，起点和终点在设置的范围内时，松开鼠标会自动创建封闭路径。

- 编辑所选路径：勾选该复选框，则可编辑选中的曲线的路径，可使用 ▨（铅笔工具）来改变现有选中的路径，并可以在"范围"文本框中设置编辑范围。当 ▨（铅笔工具）与该路径之间的距离接近设置的数值，即可对路径进行编辑修改。

步骤 03 使用 ▨（铅笔工具）在页面中绘制一条曲线，如图 2-101 所示。

图 2-101　绘制铅笔

技巧：使用 ▨（铅笔工具）在页面选择起始点，当光标变为 ✎ 形状时，在页面中按住鼠标拖曳得到自己需要的路径时，松开鼠标即可得到一条开放的路径，如图 2-102 所示。在绘制过程中，按住 Alt 键，可以按绘制的方向绘制直线。

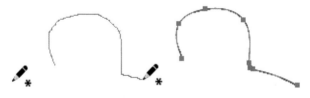

图 2-102　使用铅笔工具绘制开放路径

技巧：使用 ✏ （铅笔工具）在页面选择起始点，当光标变为 ✎ 形状时，在页面中按住
鼠标拖曳，将终点拖曳到起点，鼠标指针变为 ✎ 形状时，松开鼠标便可得到一
个封闭的路径，如图 2-103 所示。

图 2-103　使用铅笔工具绘制封闭路径

步骤 04 使用 ✏ （平滑工具）在绘制的铅笔上涂抹，将其进行平滑处理，效果如图 2-104 所示。

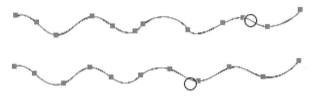

图 2-104　平滑处理

提示：在使用 ✏ （平滑工具）编辑铅笔时，必须保证当前的铅笔线条处于被选取状态。

步骤 05 在属性栏中设置描边颜色为（C63，M1，Y0，K0）、"描边"为 40pt，效果如图 2-105 所示。

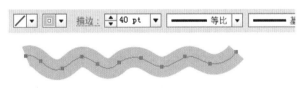

图 2-105　设置描边粗细和颜色

步骤 06 执行菜单"对象 / 扩展"命令，打开"扩展"对话框，直接单击"确定"按钮，将轮廓转化成填充。使用 ▶ （直接选择工具）编辑两边的锚点，效果如图 2-106 所示。

步骤 07 按住 Alt 键的同时向下拖曳图形，复制一个副本，将其填充为（C33，M3，Y5，K0）颜色，效果如图 2-107 所示。

图 2-106　扩展

图 2-107　复制

步骤 08 再复制一个副本，将其填充为（C51，M3，Y2，K0）颜色，效果如图 2-108 所示。

步骤 09 框选所有对象，复制两个副本并移动位置，效果如图 2-109 所示。

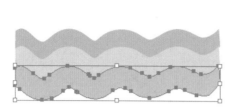
图 2-108　复制并填充

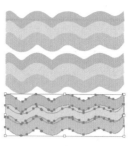
图 2-109　复制并移动

步骤⑩ 使用▣（矩形工具）绘制一个矩形，将其填充为（C89，M4，Y11，K0）颜色，执行菜单"对象/排列/置于底层"命令，将矩形放置到所有图形的最后面，效果如图 2-110 所示。

步骤⑪ 使用▣（矩形工具）绘制一个矩形，将填充设置为"无"、描边颜色设置为（C89，M4，Y11，K0）、"描边"设置为 5pt，效果如图 2-111 所示。

图 2-110　绘制矩形并调整顺序

图 2-111　绘制矩形

步骤⑫ 执行菜单"窗口/符号库/原始"命令，打开"原始"面板，选择其中的独木舟符号，将其拖曳到页面中，效果如图 2-112 所示。

步骤⑬ 复制两个独木舟副本，调整大小后移动位置。至此本例自制作完毕，效果如图 2-113 所示。

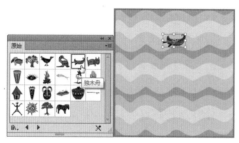
图 2-112　移入符号

图 2-113　最终效果

实例 16　使用极坐标网格工具绘制靶盘

（实例思路）

　　▦（极坐标网格工具）可以快速地画出类似统计图表的极坐标网格。本实例通过设置"极坐标网格工具选项"对话框，对绘制的图形进行填色，具体操作流程如图 2-114 所示。

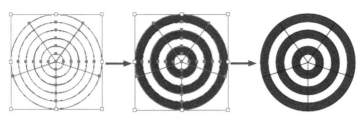

图 2-114　流程图

▶▶ 新建文件　　　　　　　　　　　　　　▶▶ 使用极坐标网格工具绘制图形

▶▶ 设置"极坐标网格工具选项"对话框　　　▶▶ 选择图形进行填色

操作步骤

步骤 01 执行菜单"文件 / 新建"命令或按 Ctrl+N 快捷键，打开"新建文档"对话框，所有参数都采用默认选项，单击"确定"按钮，新建一个空白文档。

步骤 02 在工具箱中双击 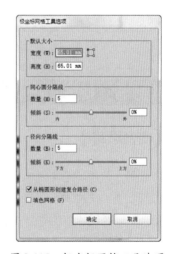（极坐标网格工具），打开"极坐标网格工具选项"对话框，参数值设置如图 2-115 所示。

其中的各项参数含义如下。

● 默认大小：设置极坐标网格的大小。"宽度"用来指定极坐标网格的宽度；"高度"用来指定极坐标网格的高度；（基准点）用来设置绘制极坐标网格时的参考点，就是确认单击时的起始位置位于极坐标网格的哪个角点位置。

● 同心圆分隔线：在"数量"文本框中输入在网格中出现的同心圆分隔线数目，然后在"倾斜"文本框中输入向内或向外偏移的数值，以决定同心圆分隔线偏向网格内侧或外侧的偏移量。

图 2-115　极坐标网格工具选项

● 径向分隔线：在"数量"文本框中输入在网格中出现的径向分隔线数目，然后在"倾斜"文本框中输入向下方或向上方偏移的数值，以决定径向分隔线偏向网格顺时针或逆时针方向的偏移量。

● 从椭圆形创建复合路径：根据椭圆形建立复合路径，可以将同心圆转换为单独的复合路径，而且每隔一个圆就进行填色。

● 填色网格：勾选该复选框，使用当前的填充色填满网格线，否则填充色就会被设定为无。

步骤 03 使用 （极坐标网格工具）按住 Shift 键绘制一个图形，如图 2-116 所示。

步骤04 在属性栏中设置填充颜色为"红色",此时会出现一个复合路径效果,至此本例制作完毕,效果如图 2-117 所示。

图 2-116 绘制　　　　　　　图 2-117 最终效果

技巧: 在绘制极坐标网格时,按住 Shift 键可以绘制出正圆形极坐标网格;按住 Alt 键可以绘制出以单击点为中心并向两边延伸的网格;按住 Shift+ Alt 组合键可以绘制出以单击点为中心并向两边延伸的正圆形极坐标网格;按住空格键可以移动极坐标网格;按向上方向键或向下方向键,可用来增加或删除同心圆分隔线,按向右方向键或向左方向键可增加或移除径向分隔线;按 F 键可以让径向分隔线的倾斜值减少 10%;按 V 键可以让径向分隔线的倾斜值增加 10%;按 X 键可以让同心圆分隔线的倾斜值减少 10%,按 C 键可以让同心圆分隔线的倾斜值增加 10%;按住~键可以绘制多个极坐标网格;按住 Alt 十~组合键可以绘制多个以单击点为中心并向两端延伸的极坐标网格。

 实例 17　使用矩形网格工具绘制棋盘

实例思路

▦ (矩形网格工具)可以快速绘制网格。本实例绘制网格后,通过 🔗 (形状生成器工具)生成形状,使用 🖌 (实时上色工具)为形状填色,具体操作流程如图 2-118 所示。

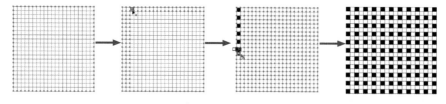

图 2-118 流程图

实例要点

▶ 新建文件

▶ 使用矩形网格工具绘制图形

▶ 生成形状

▶ 设置"矩形网格工具选项"对话框

▶ 实时上色

(操作步骤) ---

步骤 01 执行菜单"文件 / 新建"命令或按 Ctrl+N 快捷键,打开"新建文档"对话框,所有参数都采用默认选项,单击"确定"按钮,新建一个空白文档。

步骤 02 在工具箱中双击 ▦ (矩形网格工具),打开"矩形网格工具选项"对话框,参数值设置如图 2-119 所示。

图 2-119 矩形网格工具选项

其中的各项参数含义如下。

- 默认大小:设置网格整体的大小。"宽度"用来指定整个网格的宽度;"高度"用来指定整个网格的高度; ▦ (基准点) 用来设置绘制网格时的参考点,就是确认单击时的起始位置位于网格的哪个角。

- 水平分隔线:在"数量"文本框中输入出现的水平分隔线数目,"倾斜"用来决定水平分隔线偏向上方或下方的偏移量。

- 垂直分隔线:在"数量"文本框中输入出现的垂直分隔线数目,"倾斜"用来决定垂直分隔线偏向左方或右方的偏移量。

- 使用外部矩形作为框架:将外矩形作为框架使用,决定是否用一个矩形对象取代上、下、左、右的边线。

- 填色网格:勾选该复选框,使用当前的填充色填满网格线,否则填充色就会被设定为无。

步骤 03 使用 ▦ (矩形网格工具)按住 Shift 键绘制一个图形,如图 2-120 所示。

技巧: 在绘制矩形网格时,按住 Shift 键可以绘制出正方形网格;按住 Alt 键可以绘制出以单击点为中心并向两边延伸的网格;按住 Shift+ Alt 组合键可以绘制出以单击点为中心并向两边延伸的正方形网格;按住空格键可以移动网格;按向上方向键或向下方向键,可增加或删除水平线段;按向右方向键或向左方向键,可用来增加或移除垂直线段;按 F 键可以让水平分隔线的倾斜值减少 10%;按 V 键可以让水平分隔线的倾斜值增加 10%;按 X 键可以让垂直分隔线的倾斜值减少 10%;按 C 键可以让垂直分隔线的倾斜值增加 10%;按住 ~ 键可以绘制多个网格;按住 Alt+~ 组合键可以绘制多个以单击点为中心并向两端延伸的网格。

步骤 04 使用 ▦ (形状生成器工具)在矩形网格中的小矩形上进行点击,将其生成形状,效果如图 2-121 所示。

步骤 05 使用 ▦ (实时上色工具)设置填充颜色为"黑色"、描边颜色为"无",在网格中的小矩形上进行填充,效果如图 2-122 所示。

步骤 06 每隔一个小矩形进行黑色填充,至此本例制作完毕,效果如图 2-123 所示。

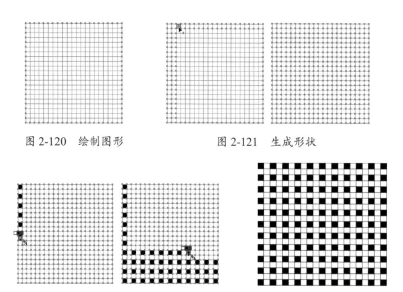

图 2-120　绘制图形　　　　　　图 2-121　生成形状

图 2-122　实时上色　　　　　　图 2-123　最终效果

本章练习与习题

练习

1. 练习线条工具的使用。

2. 练习钢笔工具的使用。

习题

1. 使用▱（直线段工具）绘制直线的过程中，可以以单击点为中心向两端进行延伸绘制直线段，应该按哪个键？（　　　）

A. Shift　　　　　　　B. Alt　　　　　　C. Ctrl　　　　　　D. Tab

2. 使用▱（钢笔工具）绘制线条时，如果想结束绘制，应该如何操作？（　　　）

A. 按住 Ctrl 键的同时在路径以外的空白处单击鼠标

B. 按住 Shift 键的同时在路径以外的空白处单击鼠标

C. 按住 Alt 键的同时在路径以外的空白处单击鼠标

D. 按住 Ctrl+Alt 键的同时在路径以外的空白处单击鼠标

3. 使用▱（铅笔工具）绘制曲线时，按住什么键会自动将▱（铅笔工具）切换为▱（平滑工具）？（　　　）

A. Shift　　　　　　　B. Alt　　　　　　C. Ctrl　　　　　　D. Tab

第 3 章

几何图形的绘制

生活中我们看到的各种形状，其实都是由方形、圆形、多边形等演变而来的，几何图形的绘制工具在 Illustrator 中有矩形工具组以及矩形网格工具和极坐标网格工具。在本章中，我们将通过理论结合上机实战的方式向大家介绍在 Illustrator 软件中绘制基本几何图形的方法。

本章内容

▶▶ 使用矩形工具绘制镂空立方体　　▶▶ 使用多边形工具绘制棒棒糖

▶▶ 使用圆角矩形工具绘制卡通头像　▶▶ 使用星形工具绘制五角星

▶▶ 使用椭圆工具绘制台球　　　　　▶▶ 使用光晕工具制作流星效果

实例 18　使用矩形工具绘制镂空立方体

（实例思路） --------

（矩形工具）是 Illustrator 中一个重要的绘图工具，使用该工具可以在页面中绘制矩形和正方形图。本实例通过设置填充颜色为"无"、描边颜色为"黑色"，绘制矩形后复制副本，再对其进行变换处理，具体操作流程如图 3-1 所示。

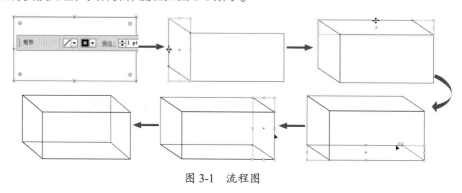

图 3-1　流程图

（实例要点） --------

▶▶ 新建文档　　　　　　　　　　▶▶ 复制副本
▶▶ 矩形工具的使用　　　　　　　▶▶ 斜切变换

（操作步骤） --------

步骤01 执行菜单"文件/新建"命令或按 Ctrl+N 快捷键，打开"新建文档"对话框，所有参数都采用默认选项，单击"确定"按钮，新建一个空白文档。

步骤02 在工具箱中选择（矩形工具），在属性栏中设置填充颜色为"无"、描边颜色为"黑色"，在页面中单击，打开"矩形"对话框，设置"宽度"与"高度"后，单击"确定"按钮，在页面中会创建一个固定大小的矩形，如图 3-2 所示。

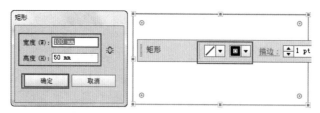

图 3-2　绘制矩形

其中的各项参数含义如下。

● 宽度：设置绘制矩形的宽度。
● 高度：设置绘制矩形的高度。

> 技巧：矩形绘制完毕后，单击属性栏中的"形状"按钮，系统会弹出下拉菜单，在其中可以重新设置矩形的大小、旋转矩形、边角类型。

> 技巧：在使用█（矩形工具）绘制矩形的过程中，可以通过按住鼠标左键拖动的方式随意地绘制；按住 Shift 键可以绘制一个正方形；按住 Alt 键可以以单击点为中心绘制矩形；按住 Shift + Alt 组合键可以以单击点为中心绘制正方形；按住空格键可以移动矩形的绘制位置；按住 ~ 键可以绘制多个矩形；按住 Alt+~ 组合键可以绘制多条以单击点为中心并向两端延伸的矩形。

步骤03 使用█（选择工具）选择矩形，按住 Alt 键向左拖曳，复制一个副本，如图 3-3 所示。

图 3-3　复制矩形

步骤04 使用█（自由变换工具）将副本矩形调窄，再对其进行斜切处理，如图 3-4 所示。

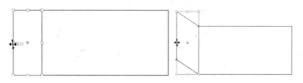

图 3-4　变换矩形

步骤05 使用█（选择工具）向上拖曳矩形，再复制一个副本。使用█（自由变换工具）将副本矩形调矮，再对其进行斜切处理，如图 3-5 所示。

步骤06 使用█（选择工具）复制上面的斜切矩形，将其拖曳到底部，效果如图 3-6 所示。

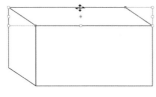
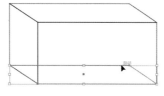

图 3-5　变换矩形　　　　　　　图 3-6　复制矩形

步骤07 使用█（选择工具）复制左侧的斜切矩形，将其拖曳到右侧，效果如图 3-7 所示。

步骤08 至此本例制作完毕，效果如图 3-8 所示。

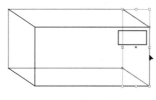
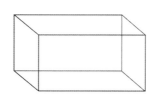

图 3-7　复制矩形　　　　　　图 3-8　最终效果

实例 19　使用圆角矩形工具绘制卡通头像

实例思路

　　使用（圆角矩形工具）可以绘制具有平滑边缘的矩形。本实例通过设置圆角半径，在页面中绘制圆角矩形，设置描边粗细、变量宽度配置文件，使用（钢笔工具）绘制三角形并调整成圆角效果，具体操作流程如图 3-9 所示。

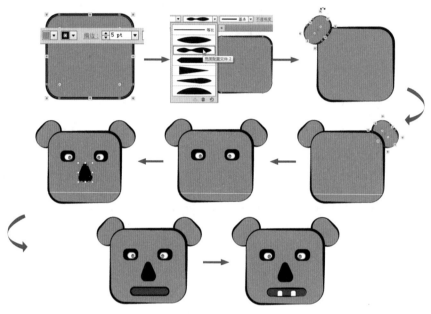

图 3-9　流程图

实例要点

▶▶ 新建文档　　　　　　　　　　　▶▶ 设置变量宽度配置文件

▶▶ 圆角矩形工具的使用　　　　　　▶▶ 钢笔工具的使用

▶▶ 设置填充与描边　　　　　　　　▶▶ 调整圆角

操作步骤

步骤01 执行菜单"文件 / 新建"命令或按 Ctrl+N 快捷键，打开"新建文档"对话框，所有参数都采用默认选项，单击"确定"按钮，新建一个空白文档。

步骤02 在工具箱中选择（圆角矩形工具），在属性栏中设置填充颜色为（C0，M0，Y100，K0）、描边颜色为"黑色"、"描边"为 5pt。在页面中单击，打开"矩形"对话框，设置"宽度""高度"和"圆角半径"后，单击"确定"按钮，在页面中会创建一个固定大小的矩形，如图 3-10 所示。

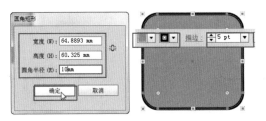

图 3-10　绘制圆角矩形

其中的各项参数含义如下。

● 宽度：设置绘制圆角矩形的宽度。

● 高度：设置绘制圆角矩形的高度。

● 圆角半径：设置圆角矩形 4 个角的圆角值。

步骤03 在属性栏中设置变量宽度配置文件为"宽度配置文件 2"，效果如图 3-11 所示。

步骤04 使用（圆角矩形工具）在页面中绘制一个圆角矩形，在属性栏中设置"描边"为 5pt、变量宽度配置文件为"宽度配置文件 2"，如图 3-12 所示。

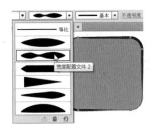

图 3-11　设置变量宽度配置文件

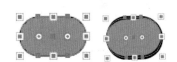

图 3-12　绘制圆角矩形

> **技巧**：在使用（圆角矩形工具）绘制圆角矩形的过程中，按键盘上的向左键可以将圆角矩形的半径值设置为 0；按键盘上的向右键可以将圆角矩形的半径值设置为最大；按键盘上的向上键可以将圆角矩形的半径值逐渐增大；按键盘上的向下键可以将圆角矩形的半径值逐渐减小。

> **技巧**：在使用（圆角矩形工具）绘制圆角矩形的过程中，按住 Shift 键可以绘制出一个圆角正方形；按住 Alt 键绘制时，鼠标的起点就是圆角矩形的中心点。

步骤05 使用（选择工具）选择小圆角矩形，将其拖曳到大圆角矩形的左上角，如图 3-13 所示。

步骤06 执行菜单"对象 / 排列 / 置于底层"命令，调整顺序，再在工具箱中双击（镜像工具），打开"镜像"对话框，选择"垂直"单选按钮，其他参数不变，单击"复制"按钮，将副本移动到右侧，效果如图 3-14 所示。

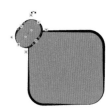

图 3-13　移动矩形

图 3-14　镜像复制

步骤 07 使用 ▣（圆角矩形工具）在页面中绘制一个黑色圆角矩形和一个白色圆角矩形，效果如图 3-15 所示。

步骤 08 使用 ◉（螺旋线工具）在白色圆角矩形上绘制一个螺旋线，效果如图 3-16 所示。

步骤 09 将眼睛的三个对象一同选取，在工具箱中双击 ◱（镜像工具），打开"镜像"对话框，选择"垂直"单选按钮，其他参数不变，单击"复制"按钮，将副本移动到右侧，效果如图 3-17 所示。

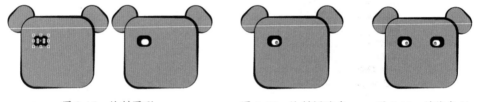

图 3-15　绘制图形　　　　图 3-16　绘制螺旋线　　图 3-17　镜像复制

步骤 10 使用 ✐（钢笔工具）绘制一个三角形，使用 ▸（直接选择工具）拖曳圆角调整点将其调整成圆角效果，再将其填充"黑色"，如图 3-18 所示。

图 3-18　绘制并调整图形

步骤 11 选择 ▣（圆角矩形工具），在属性栏中设置填充颜色为"红色"、描边颜色为"黑色"、"描边"为 4pt，在图形上绘制圆角矩形，如图 3-19 所示。

图 3-19　绘制矩形

步骤 12 在属性栏中设置变量宽度配置文件为"宽度配置文件 2"，效果如图 3-20 所示。

步骤⑬ 使用 □（矩形工具）绘制一个填充为"白色"、描边颜色为"黑色"的矩形，如图 3-21 所示。

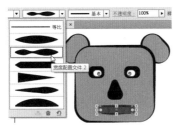

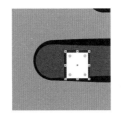

图 3-20　设置宽度 　　　　　　　图 3-21　绘制矩形

步骤⑭ 使用 ▶（直接选择工具）选择矩形上面的两个锚点，拖动圆角调整点，将其变为圆角效果，如图 3-22 所示。

步骤⑮ 复制一个副本，将其向右移动，至此本例制作完毕，效果如图 3-23 所示。

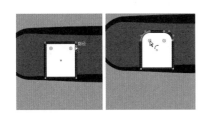

图 3-22　编辑矩形 　　　　　　　图 3-23　最终效果

实例 20　使用椭圆工具绘制台球

实例思路

　　◯（椭圆工具）是 Illustrator 中一个重要的绘图工具，使用该工具可以在页面中绘制椭圆和正圆图形。本实例通过"渐变"命令为正圆填充渐变色，调整不透明度使图形更形象，具体的操作流程如图 3-24 所示。

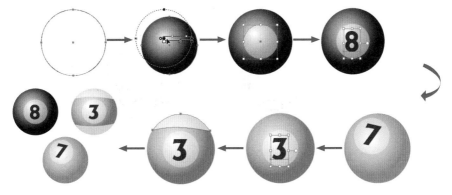

图 3-24　流程图

实例要点

▶ 新建文档　　　　　　　　　　　▶ 应用"交集"

▶ 使用椭圆工具绘制正圆　　　　　　▶ 调整不透明度

▶ 编辑渐变

操作步骤

步骤①　执行菜单"文件 / 新建"命令或按 Ctrl+N 快捷键，打开"新建文档"对话框，所有参数都采用默认选项，单击"确定"按钮，新建一个空白文档。

步骤②　使用◎（椭圆工具）按住 Shift 键，在页面中绘制一个正圆，如图 3-25 所示。

> **技巧**：在使用◎（椭圆工具）绘制矩形的过程中。按住 Shift 键可以绘制一个正圆形；
> 按住 Alt 键可以以单击点为中心绘制椭圆；按住 Shift + Alt 组合键可以以单击
> 点为中心绘制正圆形；按住空格键可以移动椭圆的绘制位置；按住 ～ 键可以绘
> 制多个椭圆形；按住 Alt+～ 键可以绘制多条以单击点为中心并向两端延伸的椭
> 圆形。

步骤③　执行菜单"窗口 / 渐变"命令，打开"渐变"面板，设置"类型"为"径向"，在白色和黑色滑块之间单击，添加一个控制滑块，将其设置为灰色，效果如图 3-26 所示。

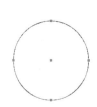
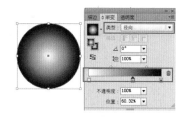

图 3-25　绘制正圆　　　　　　　　　图 3-26　设置渐变色

步骤④　将描边颜色设置为"无"，使用◎（渐变工具）调整渐变位置，效果如图 3-27 所示。

步骤⑤　使用◎（椭圆工具）按住 Shift 键，在渐变球上绘制一个白色正圆，如图 3-28 所示。

图 3-27　调整渐变位置　　　　　　　图 3-28　绘制正圆

步骤⑥　执行菜单"窗口 / 透明度"命令，打开"透明度"面板，设置"不透明度"为 45%，效果如图 3-29 所示。

步骤⑦　使用工（文字工具）在正圆上输入黑色数字 8，再设置"不透明度"为 84%，效果如图 3-30 所示。

图 3-29　设置不透明度　　　　　　　　　　　　图 3-30　输入文字

步骤08 复制一个台球，选择后面的渐变球，在"渐变"面板中设置渐变色，从左到右的颜色依次为（C0，M0，Y0，K0）、（C55，M0，Y79，K0）、（C91，M0，Y100，K0），效果如图 3-31 所示。

步骤09 将数字 8 改成 7，调整白色正圆和数字的位置，效果如图 3-32 所示。

图 3-31　设置渐变色　　　　　　图 3-32　调整位置

步骤10 复制一个台球，选择后面的渐变球，在"渐变"面板中设置渐变色，从左到右的颜色依次为（C0，M0，Y0，K0）、（C2，M25，Y52，K0）、（C0，M61，Y91，K0），效果如图 3-33 所示。

步骤11 将数字 8 改成 3，效果如图 3-34 所示。

步骤12 使用 （钢笔工具）绘制一个封闭图形，如图 3-35 所示。

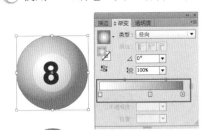  

图 3-33　改变渐变色　　　　　　图 3-34　更改数字　　　　　　图 3-35　绘制图形

步骤13 将绘制的图形和后面的渐变球形一同选取，复制一个副本，执行菜单"窗口/路径查找器"命令，打开"路径查找器"面板，单击 （交集）按钮，效果如图 3-36 所示。

步骤14 将原图中绘制的封闭图形删除，将交集后的对象填充白色，将其移动到球的上方，设置"不透明度"为 70%，效果如图 3-37 所示。

步骤15 使用同样的方法，在下面也制作一个不透明度的交集图形，调整"不透明度"为 70%，如图 3-38 所示。

步骤16 至此本例制作完毕，效果如图 3-39 所示。

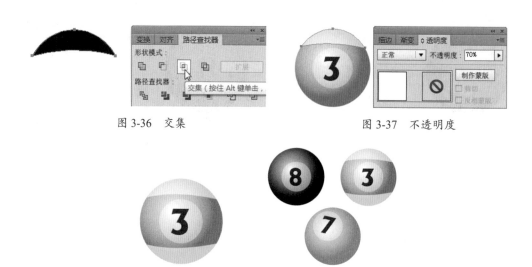

图 3-36 交集　　　　　　　　　图 3-37 不透明度

图 3-38 交集图形　　　　图 3-39 最终效果

 实例 21　使用多边形工具绘制棒棒糖

（实例思路） --

　　 （多边形工具）是 Illustrator 中一个重要的绘图工具，使用该工具可以在页面中绘制多边形。本实例通过设置边数后绘制五边形，镜像复制后应用"联集"功能，为图形填充渐变色，具体操作流程如图 3-40 所示。

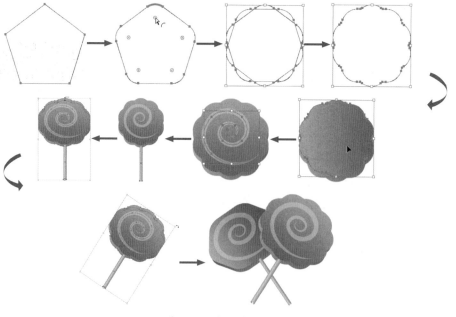

图 3-40　流程图

实例要点

- ▶▶ 新建文档
- ▶▶ 设置多边形工具
- ▶▶ 绘制五边形
- ▶▶ 镜像复制

- ▶▶ 应用"联集"功能
- ▶▶ 填充渐变色
- ▶▶ 绘制矩形和椭圆并填充渐变色

操作步骤

步骤01 执行菜单"文件 / 新建"命令或按 Ctrl+N 快捷键，打开"新建文档"对话框，所有参数都采用默认选项，单击"确定"按钮，新建一个空白文档。

步骤02 选择◉（多边形工具）后，在页面中单击，打开"多边形"对话框，设置"边数"为 5、"半径"为 51mm，单击"确定"按钮，在页面中绘制一个五边形，如图 3-41 所示。

其中的各项参数含义如下。

- ● 半径：设置多边形的半径值。
- ● 高度：设置多边形的边数。

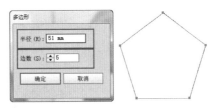

图 3-41　绘制多边形

> **技巧**：在使用◉（多边形工具）绘制多边形的过程中，在页面中改变鼠标位置的同时，多边形的角度也会跟随改变；按住 Shift 键时拖动鼠标，无论如何改变鼠标位置，最后都会绘制一个正多边形；按键盘上的向上键，可以增加多边形的边数；按键盘上的向下键，可以减少多边形的边数。

步骤03 使用▶（直接选择工具）拖动圆角调整点，将尖角变为圆角，如图 3-42 所示。

步骤04 在工具箱中双击▣（镜像工具），打开"镜像"对话框，选择"水平"单选按钮，其他参数不变，单击"复制"按钮，将副本移动位置，效果如图 3-43 所示。

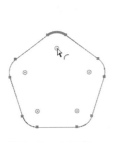

图 3-42　改圆角

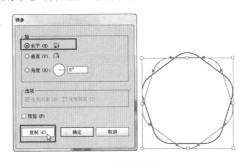

图 3-43　镜像复制

步骤05 使用▶（选择工具）框选两个五边形，执行菜单"窗口 / 路径查找器"命令，打开"路径查找器"面板，单击▣（联集）按钮，效果如图 3-44 所示。

图 3-44　联集

步骤06 执行菜单"窗口/渐变"命令，打开"渐变"面板，设置"类型"为"线性"，从左到右的颜色依次为（C0，M38，Y81，K0）和（C0，M67，Y75，K0），效果如图 3-45 所示。

步骤07 将描边颜色设置为"无"，按住 Alt 键的同时向上拖动图形，复制一个副本，效果如图 3-46 所示。

步骤08 在"渐变"面板中，设置"类型"为"线性"、"角度"为 -90°，效果如图 3-47 所示。

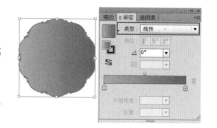

图 3-45　设置渐变

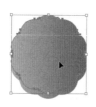

图 3-46　复制　　　　　　　图 3-47　填充渐变色

步骤09 选择 （螺旋线工具），在属性栏中设置描边颜色为"白色"、"描边"为 16pt，在图形上绘制一个螺旋线，效果如图 3-48 所示。

步骤10 设置变量宽度配置文件为"宽度配置文件 1"，效果如图 3-49 所示。

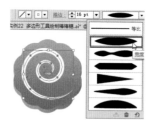

图 3-48　绘制螺旋线　　　　　图 3-49　填色

步骤11 执行菜单"窗口/透明度"命令，打开"透明度"面板，设置"不透明度"为 32%，效果如图 3-50 所示。

图 3-50　不透明度

步骤 12 使用■（矩形工具）绘制一个矩形，使用▨（直接选择工具）调整顶端的两个圆角控制点，将其调整成圆角效果，如图 3-51 所示。

步骤 13 在"渐变"面板，设置"类型"为"线性"，在白色和黑色滑块中间单击，添加一个控制滑块，设置从左到右的颜色依次为（C0，M0，Y0，K36）、（C0，M0，Y0，K20）、（C0，M0，Y0，K36），如图 3-52 所示。

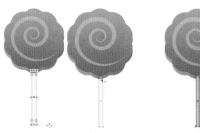
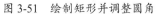

图 3-51　绘制矩形并调整圆角　　　　图 3-52　填充渐变色

步骤 14 使用■（椭圆工具）在矩形下方绘制一个椭圆，在"渐变"面板，设置"类型"为"径向"，设置从左到右的颜色依次为（C0，M0，Y0，K0）和（C0，M0，Y0，K52），效果如图 3-53 所示。

步骤 15 将矩形和椭圆的描边颜色设置为"无"，选择所有对象，将其调矮一点，效果如图 3-54 所示。

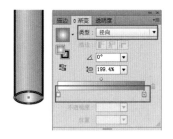

图 3-53　绘制图形并填充渐变色　　　　图 3-54　绘制图形

步骤 16 将调整后的图形进行旋转，效果如图 3-55 所示。

步骤 17 使用同样的方法再绘制一个其他颜色的六边形棒棒糖，至此本例制作完毕，效果如图 3-56 所示。

图 3-55　旋转　　　　　图 3-56　最终效果

实例 22　使用星形工具绘制五角星

（实例思路） --

　　☆（星形工具）在 Illustrator 中用来绘制星形。本实例通过设置五角星的外半径和内半径，在页面中绘制五角星，再为其绘制直线，之后通过 ❖（实时上色工具）为图形局部进行上色，具体操作流程如图 3-57 所示。

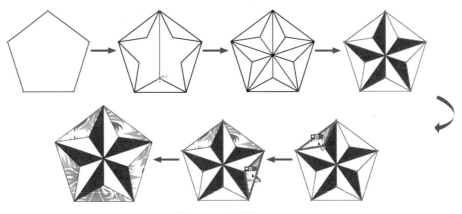

图 3-57　流程图

（实例要点） --

▶▶ 新建文件
▶▶ 使用多边形工具绘制五边形
▶▶ 使用星形工具绘制五角星

▶▶ 绘制直线
▶▶ 使用实时上色工具为局部进行填色

（操作步骤） --

步骤 01　执行菜单"文件 / 新建"命令或按 Ctrl+N 快捷键，打开"新建文档"对话框，所有的参数都采用默认选项，单击"确定"按钮，新建一个空白文档。

步骤 02　在工具箱中选择 ◉（多边形工具），在页面空白处单击，打开"多边形"对话框，设置"半径"为 56mm、"边数"为 5，设置完毕单击"确定"按钮，在页面中绘制一个五边形，如图 3-58 所示。

步骤 03　五边形绘制好后，在工具箱中选择 ☆（星形工具）后，在页面空白处单击鼠标左键，打开"星形"对话框，设置"半径 1"为 56mm、"半径 2"为 28mm、"角点数"为 5，设置完毕单击"确定"按钮，此时会在页面中绘制一个五角星，如图 3-59 所示。

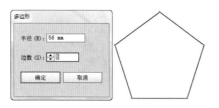

图 3-58　绘制五边形

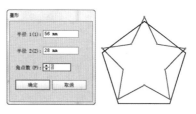

图 3-59　绘制五角星

> **技巧**：在使用 ☆（星形工具）绘制星形的过程中，在页面中改变鼠标位置的同时，星形的角度也会跟随改变；按住 Shift 键时拖动鼠标，无论如何改变鼠标位置，最后都会绘制一个正星形；按键盘上的向上键，可以增加星形的边数；按键盘上的向下键，可以减少星形的边数。

> **技巧**：星形绘制完毕后，使用 ▨（直接选择工具）框选星形后，拖动调整点，可以改变星形的形状，如图 3-60 所示。

图 3-60　调整星形形状

步骤 ④ 使用 ▶（选择工具）框选五边形和五角星，在属性栏中单击 ▤（水平居中对齐）按钮和 ▥（垂直居中对齐）按钮，将两个图形进行对齐，效果如图 3-61 所示。

步骤 ⑤ 使用 ╱（直线段工具）在五角星上绘制直线段，效果如图 3-62 所示。

步骤 ⑥ 在工具箱中将填色设置为（C0，M100，Y100，K0），使用 ▶（选择工具）框选所有对象，再使用 ▨（实时上色工具）在图形中进行填色，效果如图 3-63 所示。

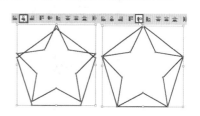

图 3-61　对齐

步骤 ⑦ 设置填充颜色为"植物"，使用 ▨（实时上色工具）在图形中进行填色，效果如图 3-64 所示。

步骤 ⑧ 使用 ▨（实时上色工具）在图形中依次填充颜色，至此本次上机实战制作完毕，效果如图 3-65 所示。

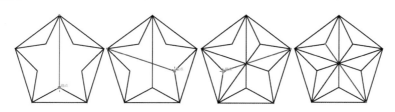

图 3-62　绘制直线段

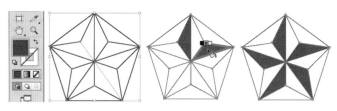

图 3-63　填色

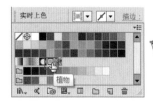

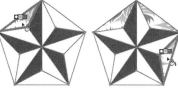

图 3-64　填色　　　　　　　　　　　　　　　图 3-65　最终效果

实例 23　使用光晕工具制作流星效果

实例思路

　　（光晕工具）可以模拟相机拍摄时产生的光晕效果。本实例为置入素材设置"混合模式"后，绘制星星且应用"高斯模糊"滤镜，最后使用（光晕工具）绘制发光，具体操作流程如图 3-66 所示。

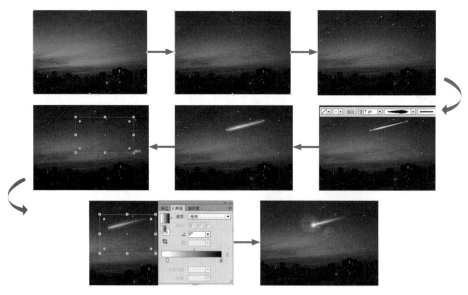

图 3-66　流程图

实例要点

▶▶ 新建文件　　　　　　　　　　　　　　　▶▶ 置入素材

▶ 设置混合模式和不透明度　　　　　▶ 应用"高斯模糊"滤镜

▶ 绘制星星　　　　　　　　　　　　▶ 使用光晕工具绘制发光

操作步骤

步骤01 执行菜单"文件 / 新建"命令或按 Ctrl+N 快捷键，打开"新建文档"对话框，所有参数都采用默认选项，单击"确定"按钮，新建一个空白文档。

步骤02 执行菜单"文件 / 置入"命令，置入"素材 \ 第 3 章 \ 夜空 .jpg"素材文件，调整大小和位置，如图 3-67 所示。

步骤03 置入"素材 \ 第 3 章 \ 星空 .jpg"素材文件，调整大小和位置，如图 3-68 所示。

　　　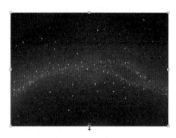

图 3-67　夜空　　　　　　　　图 3-68　星空

步骤04 执行菜单"窗口 / 透明度"命令，打开"透明度"面板，设置混合模式为"变暗"，设置"不透明度"为 40%，效果如图 3-69 所示。

图 3-69　设置不透明度

步骤05 使用 ☆（星形工具）在素材上绘制四角星，将其填充为白色。复制多个副本，调整位置和大小，效果如图 3-70 所示。

图 3-70　绘制星星

> 提示：为了操作方便，我们在图像上进行绘制时，可以将素材先进行锁定，这样编辑
> 时背景不会被选中了。

步骤06 框选绘制的所有四角星，执行菜单"效果/模糊/高斯模糊"命令，打开"高斯模糊"
对话框后，设置"半径"为 3.8 像素，如图 3-71 所示。

步骤07 设置完毕单击"确定"按钮，效果如图 3-72 所示。

图 3-71 高斯模糊

图 3-72 模糊后

步骤08 使用 ✎（直线段工具）绘制一个白色线条，设置"描边"为 7pt，设置变量宽度配置文
件为"宽度配置文件 5"，效果如图 3-73 所示。

步骤09 执行菜单"效果/模糊/高斯模糊"命令，打开"高斯模糊"对话框，设置"半径"为 4 像素，
设置完毕单击"确定"按钮，效果如图 3-74 所示。

图 3-73 绘制直线段

图 3-74 高斯模糊

步骤10 执行菜单"效果/风格化/外发光"命令，打开"外发光"对话框，其中的参数值设置
如图 3-75 所示。

步骤11 设置完毕单击"确定"按钮，效果如图 3-76 所示。

图 3-75 "外发光"对话框

图 3-76 添加外发光

步骤12 在"透明度"面板中单击"制作蒙版"按钮，此时"制作蒙版"按钮会变成"释放"按钮，
选择蒙版缩览图，效果如图 3-77 所示。

步骤⑬ 使用■（矩形工具）在页面中绘制一个矩形，如图 3-78 所示。

图 3-77　制作蒙版　　　　　图 3-78　绘制矩形

步骤⑭ 在"渐变"面板中，设置"类型"为"线性"、渐变色为从"白色到黑色"，如图 3-79
所示。

图 3-79　编辑渐变

步骤⑮ 使用■（渐变工具）编辑渐变的方向，效果如图 3-80 所示。

步骤⑯ 选择图像缩略图后，选择■（光晕工具），在页面中单击，打开"光晕工具选项"对话框，
如图 3-81 所示。

图 3-80　编辑渐变　　　图 3-81　"光晕工具选项"对话框

其中的各项参数含义如下。

● 居中：光晕中心的光环设置。"直径"用来指定光晕中心光环的大小；"不透明度"
用来指定光晕中心光环的不透明度，值越小越透明；"亮度"用来指定光晕中心光环
的明亮程度，值越大光环越亮。

● 光晕：设置光环外部的光晕。"增大"用来指定光晕的大小，值越大光晕也越大，"模
糊度"用来指定光晕的羽化柔和程度，值越大越柔和。

● 射线：勾选该复选框，可以设置光环周围的光线。"数量"用来指定射线的数目；"最
长"用来指定射线的最长值，以此来确定射线的变化范围；"模糊度"用来指定射线

的羽化柔和程度，值越大越柔和。

● 环形：设置外部光环及尾部方向的光环。"路径"用来指定尾部光环的偏移数值；"数量"用来指定光圈的数量；"最大"用来指定光圈的最大值，以此来确定光圈的变化范围；"方向"用来设置光圈的方向，可以直接在文本框中偷入数值，也可以拖动其右侧的指针来调整光圈的方向。

步骤⑰ 设置完毕单击"确定"按钮，调整光晕的大小和位置，效果如图 3-82 所示。

步骤⑱ 复制光晕将其缩小，至此本例制作完毕，效果如图 3-83 所示。

图 3-82　调整光晕　　　　　　　图 3-83　最终效果

本章练习与习题

练习

练习几何工具的使用。

习题

1. 使用▢（矩形工具）绘制矩形的过程中按住哪个键可以绘制正方形？（　　　）

A. Shift　　　　　　　B. Alt　　　　　　　C. Ctrl　　　　D. Tab

2. 使用◯ "椭圆工具"绘制矩形的过程中，按哪个组合键可以绘制可以以单击点为中心绘制正圆形？（　　　）

A. Shift + Alt　　　　　B. Shift + Ctrl　　　　C. Ctrl+V　　　D. Shift+PgUp

3. 在使用◎（多边形工具）绘制多边形的过程中，按键盘上的哪个键可以增加多边形的边数？（　　　）

A. 向左　　　　　　　B. 向上　　　　　　　C. 向下　　　　D. 向右

第4章

图形与对象的编修

使用 Illustrator CC 软件绘制出直线、曲线或形状后，并不是每次绘制都能直接使用，后期的编修是必不可少的，编修可以通过命令或工具来完成，使用工具可以更加直观地为绘制的对象进行精细的调整和编辑。本章我们将为大家具体讲解图形与对象的编修方法。

本章内容

▶▶ 使用移动复制功能制作卡通日记本　　▶▶ 使用宽度工具绘制汽车插画
▶▶ 使用缩放与旋转功能制作复杂花纹　　▶▶ 使用锚点工具编辑曲线绘制热气球
▶▶ 使用褶皱工具为卡通小人改变发型　　▶▶ 使用路径查找器制作太极球
▶▶ 使用路径橡皮擦工具绘制卡通猴

实例 24　使用移动复制功能制作卡通日记本

实例思路

使用 ▶ （选择工具）移动对象时，被移动的对象可以自由地移动；而通过"移动"对话框，可以对选择的对象进行精确的位置移动以及复制，本实例具体操作流程如图 4-1 所示。

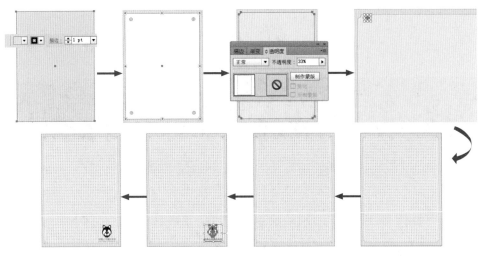

图 4-1　流程图

实例要点

▶ 新建文档　　　　　　　　　　▶ 设置不透明度

▶ 将圆角矩形转换为反向圆角矩形　▶ 复制多个图形

▶ 复制正圆　　　　　　　　　　▶ 导入素材

操作步骤

步骤 01　执行菜单"文件 / 新建"命令或按 Ctrl+N 快捷键，打开"新建文档"对话框，所有参数都采用默认选项，单击"确定"按钮，新建一个空白文档。

步骤 02　在工具箱中选择▢（矩形工具）后，在属性栏中设置填充颜色为（C0，M12，Y37，K0）、描边颜色为"黑色"、"描边"为 1pt，在页面中会创建一个矩形，如图 4-2 所示。

步骤 03　使用▢（矩形工具）在刚才的矩形上绘制一个白色的矩形，如图 4-3 所示。

图 4-2　绘制矩形

步骤 04　执行菜单"窗口 / 变换"命令，打开"变换"面板，在其中设置边角类型为反向圆角、

"圆角半径"为 5，效果如图 4-4 所示。

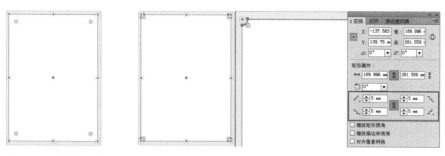

图 4-3 绘制矩形　　　　　　图 4-4 设置圆角

步骤 05 执行菜单"窗口 / 透明度"命令，打开"透明度"面板，设置"不透明度"为 33%，效果如图 4-5 所示。

步骤 06 使用 框选绘制的两个矩形，执行菜单"对象 / 锁定 / 所选对象"命令，将两个矩形锁定。使用 在页面中绘制一个黑色正圆，效果如图 4-6 所示。

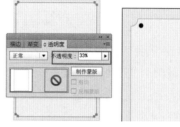

步骤 07 设置"不透明度"为 10%，效果如图 4-7 所示。

图 4-5 设置不透明度　图 4-6 绘制正圆

步骤 08 执行菜单"对象 / 变换 / 移动"命令，打开"移动"对话框，设置"水平"为 6mm，如图 4-8 所示。

图 4-7 设置不透明度　　　　图 4-8 "移动"对话框

技巧： 使用 选择对象后，右击鼠标，在弹出的菜单中选择"变换 / 移动"命令，或按 Shift+Ctrl+M 快捷键，同样可以打开"移动"对话框。

其中的各项参数含义如下。

- 水平：设置对象水平位移的距离，向右移动为正值，向左移动为负值。
- 垂直：设置对象垂直位移的距离，向下移动为正值，向上移动为负值。
- 距离：设置对象移动的距离，向右、向下为正值，向左、向上为负值。
- 角度：设置对象移动的角度。
- 选项：当对象中填充了图案时，可以通过选中"变换对象"和"变换图案"复选框，定义对象移动的部分。

● 预览：勾选"预览"复选框后，可以实时预览移动后的效果。

● 复制：单击该按钮，可以保持原对象不动而复制出一个移动后的对象。

步骤09 设置完毕单击"复制"按钮，效果如图 4-9 所示。

步骤10 执行菜单"对象 / 变换 / 再次变换"命令或按 Ctrl+D 快捷键数次，直到移动复制到矩形的右侧为止，效果如图 4-10 所示。

图 4-9 移动复制   图 4-10 移动复制矩形

步骤11 使用 (选择工具) 框选所有正圆后，按住 Alt 键向下移动复制一个副本，如图 4-11 所示。

步骤12 按 Ctrl+D 快捷键数次，直到移动复制到矩形底部为止，效果如图 4-12 所示。

步骤13 框选所有正圆，按 Ctrl+G 快捷键将其编组，再使用 (椭圆工具) 在左上角处绘制稍大一点的白色正圆，设置"不透明度"为 10%，效果如图 4-13 所示。

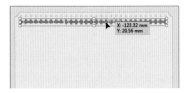

图 4-11 移动复制矩形

步骤14 复制 3 个副本，分别移动到另 3 个角处，效果如图 4-14 所示。

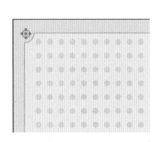

图 4-12 移动复制   图 4-13 绘制正圆   图 4-14 复制圆

步骤15 执行菜单"文件 / 置入"命令，置入"素材\第 4 章\汪星人 .ai"素材文件，调整大小和位置，效果如图 4-15 所示。

步骤16 使用 (选择工具) 选择编组的正圆，执行菜单"对象 / 排列 / 置于顶层"命令，将编组正圆放置到最顶层，至此本例制作完毕，效果如图 4-16 所示。

图 4-15 置入文件   图 4-16 最终效果

实例 25 使用缩放与旋转功能制作复杂花纹

实例思路

对于选择的对象，直接使用 ▣（选择工具）可以将其进行缩放和旋转，还可以通过使用 ▣（旋转工具）进行随意的旋转。如果想对其进行精确的缩放与旋转，就需要通过"变换"对话框来进行操作。本实例对对象进行旋转与缩放复制后，再使用 ▣（实时上色工具）为局部区域进行上色，具体操作流程如图 4-17 所示。

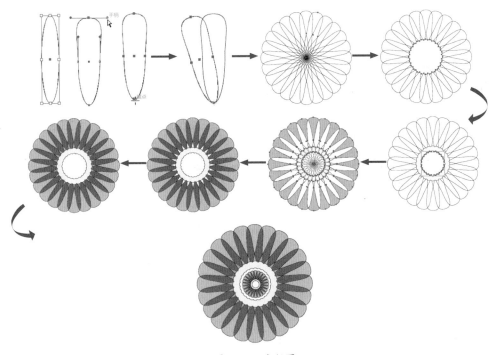

图 4-17 流程图

实例要点

▶▶ 新建文档
▶▶ 使用椭圆工具绘制椭圆
▶▶ 使用直接选择工具编辑椭圆
▶▶ 使用旋转工具设置旋转中心点

▶▶ 对选择的对象进行旋转变换
▶▶ 为所有对象应用"联集"功能
▶▶ 缩小并复制图形
▶▶ 用实时上色工具为局部填色

操作步骤

步骤01 执行菜单"文件 / 新建"命令或按 Ctrl+N 组合键，打开"新建文档"对话框，所有参数都采用默认选项，单击"确定"按钮，新建一个空白文档。

步骤02 使用 ◯（椭圆工具）绘制一个椭圆，使用 ▶（直接选择工具）调整椭圆的形状，效果如图 4-18 所示。

步骤03 使用 ◐（旋转工具）按住 Alt 键的同时，将旋转中心点移动到最底部的锚点上，效果如图 4-19 所示。

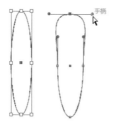 

图 4-18　绘制椭圆并调整形状　　　图 4-19　调整旋转中心点

技巧：选择 ◐（旋转工具），按住鼠标左键进行拖动，就可以对对象进行旋转。

技巧：选择 ▦（自由变换工具），移动鼠标指针到所选对象的选取框上，当鼠标指针变为 ↗ 或 ↰ 形状时，表示此对象已经可以旋转了，此时按住鼠标左键进行拖动就可以将此对象进行旋转。

步骤04 松开鼠标，系统会打开"旋转"对话框，设置"角度"为 15°，如图 4-20 所示。其中的各项参数含义如下。

● 角度：设置对象旋转后的角度。

● 变换对象：旋转时可以对选择的对象进行旋转。

● 变换图案：旋转时可以对选择对象中的填充图案跟随对象进行旋转。

步骤05 设置完毕单击"复制"按钮，会将选择的对象按固定角度和旋转中心点进行旋转复制，如图 4-21 所示。

步骤06 按 Ctrl+D 快捷键数次，进行旋转复制，直到旋转一周为止，效果如图 4-22 所示。

图 4-20　设置角度　　　图 4-21　复制旋转

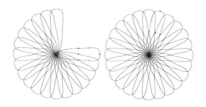

图 4-22　复制

步骤⑦ 使用 ▲（选择工具）框选所有对象，按 Ctrl+C 快捷键复制，再按 Ctrl+V 快捷键粘贴，得到一个副本，执行菜单"窗口 / 路径查找器"命令，打开"路径查找器"面板，单击◙（联集）按钮，将其合并为一个对象，效果如图 4-23 所示。

图 4-23　联集

步骤⑧ 将联集后的对象放置到之前对象的前面，拖动控制点将其缩小，为其填充（C0，M0，Y0，K5）颜色，效果如图 4-24 所示。

步骤⑨ 执行菜单"对象 / 变换 / 缩放"命令，打开"比例缩放"对话框，选择"等比"单选按钮，设置缩放为 70%，其他参数值保持不变，如图 4-25 所示。

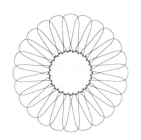

图 4-24　填充　　　　　图 4-25　比例缩放

其中的各项参数含义如下。

● 等比：选中该单选按钮后，在文本框中输入数值，可以对所选图形进行等比例的缩放操作。当值大于 100% 时，放大对象；当值小于 100% 时，缩小对象。

● 不等比：选择该单选按钮后，可以分别在"水平"或"垂直"文本框中输入不同的数值，用来缩放对象的长度和宽度。

● 缩放矩形圆角：勾选此复选框，在缩放时圆角矩形时可以将圆角进行等比例缩放。

● 比例缩放描边和效果：勾选该复选框，可以将图形的描边粗细和图形的效果进行缩放操作。

步骤⑩ 设置完毕单击"复制"按钮，将复制的副本填充为（C0，M0，Y0，K0）颜色，效果如图 4-26 所示。

步骤⑪ 框选所有对象后，选择 ▣（实时上色工具），设置填充颜色为（C0，M29，Y34，K0）、描边颜色为"无"，使用 ▣（实时上色工具）为图形填色，效果如图 4-27 所示。

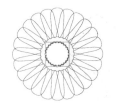
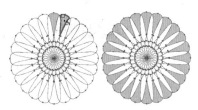

图 4-26　缩放后填充　　　　图 4-27　实时上色

步骤⑫ 将填充颜色设置为（C17，M57，Y63，K2）、描边颜色为"无"，使用 (实时上色工具)为图形填色，效果如图4-28所示。

步骤⑬ 将填充颜色设置为（C7，M19，Y50，K10）、描边颜色设置为"无"，使用 (实时上色工具)为图形填色，效果如图4-29所示。

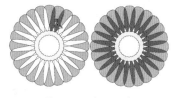

图 4-28 实时上色

步骤⑭ 框选所有对象，复制一个副本，将副本缩小并将其移动到另一对象的上面，至此本例制作完毕，效果如图4-30所示。

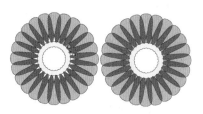

图 4-29 实时上色　　　　　　　图 4-30 最终效果

 ## 实例26 使用褶皱工具为卡通小人改变发型

（实例思路） -

　　 (褶皱工具)可以在图形对象上创建随机的类似皱纹效果或是折叠的凸状变形效果。本实例通过形状工具绘制图形后，使用 (直接选择工具)编辑图形形状，再对图形应用 (褶皱工具)改变小人发型，具体的操作流程如图4-31所示。

图 4-31 流程图

- ▶▶ 新建文档
- ▶▶ 使用椭圆工具绘制椭圆
- ▶▶ 使用矩形工具绘制矩形
- ▶▶ 通过直接选择工具编辑形状

- ▶▶ 通过路径橡皮擦工具擦除局部路径
- ▶▶ 使用钢笔工具绘制曲线
- ▶▶ 使用宽度工具调整路径
- ▶▶ 使用褶皱工具调整形状

操作步骤

步骤 01 执行菜单"文件/新建"命令或按 Ctrl+N 快捷键，打开"新建文档"对话框，所有参数都采用默认选项，单击"确定"按钮，新建一个空白文档。

步骤 02 使用▣（矩形工具）在页面中绘制一个矩形，使用▶（直接选择工具）拖动圆角控制点，将矩形调整成圆角矩形，如图 4-32 所示。

步骤 03 执行菜单"编辑/复制"命令，再执行菜单"编辑/粘贴"命令，在原位复制一个副本，使用▶（选择工具）将其调矮后，使用▶（直接选择工具）选择底部的两个圆角调整点，将其调整成直角，再为其填充黑色，效果如图 4-33 所示。

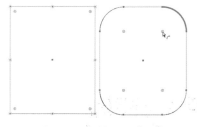 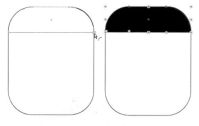

图 4-32　绘制矩形并调整　　　　　　　图 4-33　填充

步骤 04 使用▣（圆角矩形工具）在图形上绘制一个圆角矩形，然后使用▨（路径橡皮擦工具）在底部路径上拖曳，将拖曳的区域擦除，效果如图 4-34 所示。

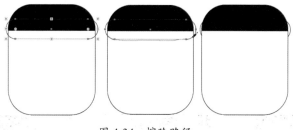

图 4-34　擦除路径

步骤 05 使用▣（圆角矩形工具）绘制图形，再使用▨（锚点工具）将直线调成弧线效果，如图 4-35 所示。

步骤 06 在工具箱中双击▨（镜像工具），打开"镜像"对话框，选择"垂直"单选按钮，其他参数不变，单击"复制"按钮，复制一个镜像后的副本，将副本移动到右侧，效果如图 4-36 所示。

图 4-35　绘制圆角矩形并调整　　　　图 4-36　镜像复制

步骤 07 使用 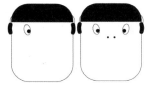 （椭圆工具）在图形上绘制椭圆和正圆，效果如图 4-37 所示。

步骤 08 在鼻孔下面，使用 （椭圆工具）绘制一个椭圆作为嘴巴，使用 （添加锚点工具）在椭圆上添加两个锚点，再使用 （直接选择工具）调整形状，效果如图 4-38 所示。

图 4-37　绘制椭圆和正圆

图 4-38　绘制椭圆并调整

步骤 09 复制一个嘴巴副本，将其缩小后填充红色，效果如图 4-39 所示。

步骤 10 使用 （矩形工具）绘制一个黑色矩形，再使用 （锚点工具）将直线调整成圆弧效果，如图 4-40 所示。

图 4-39　复制并填充　　　图 4-40　绘制矩形并调整

步骤 11 使用 （钢笔工具）绘制一个黑色三角形，效果如图 4-41 所示。

步骤 12 使用 （钢笔工具）绘制两条曲线，设置第二条的曲线粗细尽量宽一点。执行菜单"窗口 / 描边"命令，打开"描边"面板，设置"端点"为"圆头端点"，效果如图 4-42 所示。

步骤 13 使用 （宽度工具）将第二条曲线下端选取，向外拖曳将其拉宽，效果如图 4-43 所示。

图 4-41　绘制三角形　　　图 4-42　绘制曲线　　　图 4-43　调整宽度

步骤 14 选择两条曲线，在工具箱中双击 （镜像工具），打开"镜像"对话框，选择"垂直"

单选按钮，其他参数不变，单击"复制"按钮，复制一个镜像后的副本，将副本移动到右侧，效果如图 4-44 所示。

步骤⑮ 使用 ▭（矩形工具）在底部绘制一个黑色矩形，使用 ▨（直接选择工具）选择下面的两个锚点后，拖曳圆角控制点，将其调整成圆角效果，如图 4-45 所示。

步骤⑯ 按住 Alt 键拖曳矩形向右移动，复制一个副本，此时卡通小人部分绘制完成，效果如图 4-46 所示。

图 4-44 镜像复制

图 4-45 绘制矩形

图 4-46 卡通小人

步骤⑰ 使用 ▨（选择工具）选择人物的头发区域，双击 ▨（褶皱工具），打开"褶皱工具选项"对话框，设置其中的参数值，如图 4-47 所示。

其中的各项参数含义如下。

图 4-47 "褶皱工具选项"对话框

- 全局画笔尺寸：指定变形笔刷的大小、角度和强度。"宽度"和"高度"用来设置笔刷的大小；"角度"用来设置画笔笔刷的旋转角度；"强度"用来控制笔刷使用时的变形强度。如果安装有数位板，勾选"使用压感笔"复选框，可以控制压感笔的强度。

- 水平：控制水平方向的褶皱数量。值越大，产生的褶皱效果越强烈。如果不想在水平方向上产生褶皱，可以将其值设置为 0。

- 垂直：控制垂直方向的褶皱数量。值越大，产生的褶皱效果越强烈。如果不想在垂直方向上产生褶皱，可以将其值设置为 0。

- 复杂性：设置图形对象变形的复杂程度即产生三角形褶皱形状的数量。从右侧的下拉列表中，可以选择 1~15，值越大越复杂，产生的状变形越多。

- 细节：用来控制褶皱形状的细节。

- 画笔影响锚点：勾选该复选框，变形的图形对象每个转角位置都将产生相应的锚点。

- 画笔影响内切线手柄：勾选该复选框，变形的图形对象将沿三角形正切方向变形。

- 画笔影响外切线手柄：勾选该复选框，变形的图形对象将沿反三角形正切方向变形。

- 显示画笔大小：勾选该复选框，光标将显示为画笔；如果不勾选该复选框，光标将显示为十字线效果。

技巧：在使用 ▨（褶皱工具）时，若想改变画笔笔刷的大小，可以按住 Alt 键，在文档的空白处拖动鼠标，向右上方拖动放大笔刷，向左下方拖动缩小笔刷。

步骤 ⑱ 使用 █ （褶皱工具）在头发底部从左向右拖曳，为其改变形状，如图 4-48 所示。

> **技巧**：为卡通人物改变发型形状的方法，还可以通过 ██ （扇贝工具）和 ██ （晶格化工具）
> 来改变。

步骤 ⑲ 改变发型后，本例制作完毕，我们还可以通过 ██ （实时上色工具）为绘制的小人填色，
效果如图 4-49 所示。

图 4-48　添加褶皱　　　　图 4-49　最终效果

 实例 27　使用路径橡皮擦工具绘制卡通猴

（实例思路） --

　　██ （路径橡皮擦工具）可以擦除路径的全部或部分。本例是通过形状工具和 ██ （钢笔工具）
绘制图形，并通过 ██ （直接选择工具）调整形状，具体操作流程如图 4-50 所示。

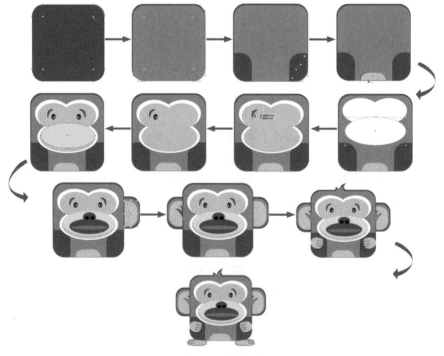

图 4-50　流程图

实例要点

- ▶ 新建文档
- ▶ 使用矩形工具绘制矩形
- ▶ 使用椭圆工具绘制椭圆
- ▶ 使用钢笔工具绘制图形
- ▶ 选择对象应用"联集"功能
- ▶ 使用路径橡皮擦工具擦除路径

操作步骤

步骤01 执行菜单"文件/新建"命令或按 Ctrl+N 快捷键，打开"新建文档"对话框，所有参数都采用默认选项，单击"确定"按钮，新建一个空白文档。

步骤02 使用□（矩形工具）绘制矩形，将其填充为（C33，M53，Y80，K25）、描边颜色设置为"无"，使用▶（直接选择工具）拖动圆角控制点，将矩形调整成圆角矩形，如图 4-51 所示。

步骤03 复制一个副本，将其填充为（C23，M38，Y63，K9），使用▶（选择工具）将其缩小，效果如图 4-52 所示。

图 4-51　绘制矩形并调整成圆角矩形　图 4-52　复制并调整矩形

步骤04 使用□（矩形工具）在左下角处绘制一个（C33，M53，Y80，K25）颜色的小矩形，使用▶（直接选择工具）选择右上角和左小角的锚点，将其调整成圆角，效果如图 4-53 所示。

步骤05 复制一个副本，将其移动到右侧，在工具箱中双击▣（镜像工具），打开"镜像"对话框，选择"垂直"单选按钮，其他参数不变，单击"确定"按钮，效果如图 4-54 所示。

图 4-53　绘制矩形并调整　　图 4-54　镜像

步骤06 使用□（矩形工具）在左下角处绘制一个（C2，M26，Y35，K0）颜色的小矩形，使用▶（直接选择工具）选择顶部的两个锚点，将其调整成圆角，效果如图 4-55 所示。

步骤07 使用○（椭圆工具）在图形上绘制 3 个白色椭圆形，效果如图 4-56 所示。

图 4-55　绘制矩形并调整

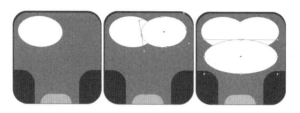

图 4-56　绘制椭圆

步骤 08 使用 ▮（选择工具）选择 3 个椭圆形，执行菜单"窗口 / 路径查找器"命令，打开"路径查找器"面板，单击 ▣（联集）按钮将其合并为一个对象，效果如图 4-57 所示。

步骤 09 复制一个副本，使用 ▮（选择工具）将其缩小后，再为其填充为（C2，M26，Y35，K0）颜色，效果如图 4-58 所示。

步骤 10 使用 ◉（椭圆工具）在图形上绘制一个（C33，M53，Y80，K25）颜色的椭圆形，使用 ▮（直接选择工具）调整椭圆形的形状，以此作为眉毛，效果如图 4-59 所示。

图 4-57　联集

图 4-58　复制并缩小

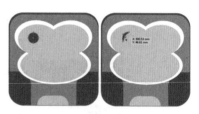

图 4-59　绘制椭圆并调整

步骤 11 使用 ◉（椭圆工具）在眉毛的下面绘制正圆和椭圆，将其填充为眼球对应的颜色，效果如图 4-60 所示。

图 4-60　绘制正圆

步骤 12 将眼球和眉毛一同选取，复制一个副本，将其移动到右侧，在工具箱中双击 ▦（镜像工具），打开"镜像"对话框，选择"垂直"单选按钮，其他参数不变，单击"确定"按钮，效果如图 4-61 所示。

步骤 13 使用 ◉（椭圆工具）绘制一个白色椭圆，设置"不透明度"为 43%，如图 4-62 所示。

图 4-61　镜像

图 4-62　填充渐变色

步骤14 使用 ◯（椭圆工具）绘制两个椭圆形，一个（C33，M53，Y80，K25）颜色，一个（C4，M63，Y33，K0）颜色，效果如图 4-63 所示。

步骤15 再绘制一个（C33，M53，Y80，K25）颜色的椭圆和两个黑色正圆，效果如图 4-64 所示。

图 4-63　绘制椭圆

步骤16 使用 ▢（矩形工具）绘制一个（C33，M53，Y80，K25）颜色的矩形，使用 ▷（直接选择工具）调整右侧的两个锚点的圆角控制点，将其调整成圆角，效果如图 4-65 所示。

图 4-64　绘制图形　　　　　图 4-65　绘制矩形并调整

步骤17 复制副本，将其缩小后，填充（C23，M38，Y63，K9）颜色和（C2，M26，Y35，K0）颜色，将其作为耳朵，效果如图 4-66 所示。

步骤18 选择耳朵后，复制一个副本，将其移动到左侧，在工具箱中双击 ▨（镜像工具），打开"镜像"对话框，选择"垂直"单选按钮，其他参数不变，单击"确定"按钮，效果如图 4-67 所示。

图 4-66　复制并填充　　　　　图 4-67　镜像

步骤19 使用 ✎（钢笔工具）在耳朵上绘制一个封闭图形，将其填充为（C33，M53，Y80，K25）颜色，效果如图 4-68 所示。

步骤20 复制一个副本，将其缩小并填充（C23，M38，Y63，K9）颜色，效果如图 4-69 所示。

图 4-68　绘制图形　　　　　图 4-69　缩小并填充

步骤21 使用同样的方法绘制另一只耳朵和头顶上的图形，效果如图 4-70 所示。

步骤22 使用 ✎（钢笔工具）绘制小猴的手，将其填充为（C2，M26，Y35，K0）颜色、描边颜色设置为"黑色"，效果如图 4-71 所示。

步骤㉓ 使用 ◢（路径橡皮擦工具）在左侧路径上涂抹将其删除，效果如图 4-72 所示。

图 4-70 绘制耳朵

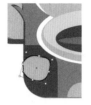
图 4-71 绘制手

图 4-72 擦除路径

步骤㉔ 使用 ◢（直线段工具）绘制 3 条直线，效果如图 4-73 所示。

步骤㉕ 选择手后，复制一个副本，将其移动到右侧，在工具箱中双击 ⚏（镜像工具），打开"镜像"对话框，选择"垂直"单选按钮，其他参数不变，单击"确定"按钮，效果如图 4-74 所示。

步骤㉖ 使用 ◢（钢笔工具）绘制小猴的脚，将其填充为（C2，M26，Y35，K0）颜色、描边颜色设置为"黑色"，效果如图 4-75 所示。

图 4-73 绘制直线

图 4-74 镜像

图 4-75 绘制脚

步骤㉗ 使用 ◢（路径橡皮擦工具）在右上部路径上涂抹将其删除，使用 ◢（直线段工具）绘制 2 条直线，效果如图 4-76 所示。

步骤㉘ 选择脚后，复制一个副本，将其移动到右侧，在工具箱中双击 ⚏（镜像工具），打开"镜像"对话框，选择"垂直"单选按钮，其他参数不变，单击"确定"按钮，至此本例制作完毕，效果如图 4-77 所示。

图 4-76 绘制

图 4-77 最终效果

实例 28　使用宽度工具绘制汽车插画

（**实例思路**）--

　　 ◢（宽度工具）可以对路径快速便捷地调整线条的粗细宽度，创造不同的笔锋效果，该工具还可以为画笔工具调整局部或整体的粗细。本例先绘制矩形，置入素材并调整不透明度，对其进行旋转等操作，再定义艺术画笔并进行绘制，使用 （宽度工具）修改画笔的宽度，为其添加外发光，具体操作流程如图 4-78 所示。

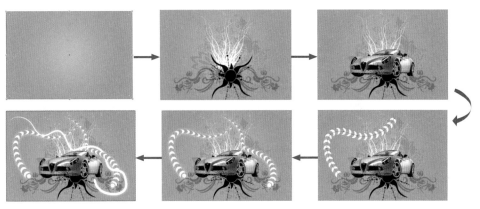

图 4-78 流程图

实例要点

▶ 新建文件   ▶ 定义艺术画笔

▶ 使用矩形工具绘制矩形   ▶ 绘制画笔和铅笔

▶ 为矩形填充渐变色   ▶ 使用宽度工具调整画笔和铅笔

▶ 置入素材并调整不透明度和旋转图形   ▶ 添加"外发光"效果

操作步骤

步骤01 执行菜单"文件 / 新建"命令或按 Ctrl+N 快捷键，打开"新建文档"对话框，所有参数都采用默认选项，单击"确定"按钮，新建一个空白文档。

步骤02 使用（矩形工具）在页面中绘制一个矩形，执行菜单"窗口 / 渐变"命令，打开"渐变"面板，设置渐变"类型"为"径向"，从左向右的渐变颜色依次为（C51，M0，Y30，K0）、（C85，M0，Y0，K0），其他参数不变，如图 4-79 所示。

步骤03 打开"素材 \ 第 4 章 \ 草蔓和花纹 .ai"素材文件，如图 4-80 所示。

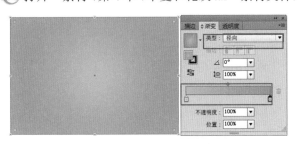

图 4-79 绘制矩形并填充渐变色   图 4-80 打开素材

步骤04 分别选择素材，按 Ctrl+C 快捷键复制；转换到新建的文档中，按 Ctrl+V 快捷键粘贴，调整素材的位置和"不透明度",如图 4-81 所示。

步骤 05 将"草蔓"素材填充"白色",复制 2 个副本并将其旋转,效果如图 4-82 所示。

图 4-81　不透明度

图 4-82　复制并旋转素材

步骤 06 再置入其他素材,并对其中的花纹调整不透明度,效果如图 4-83 所示。

图 4-83　置入素材

步骤 07 执行菜单"文件 / 置入"命令,置入"素材 \ 第 4 章 \ 汽车 .png"素材文件,调整位置和大小后,按 Ctrl+[快捷键向后调整顺序,效果如图 4-84 所示。

步骤 08 使用 (椭圆工具)绘制一个橘黄色的正圆,如图 4-85 所示。

图 4-84　置入素材并调整顺序

图 4-85　绘制正圆

步骤 09 执行菜单"效果 / 扭曲和变换 / 变换"命令,打开"变换效果"对话框,其中的参数值设置如图 4-86 所示。

步骤 10 设置完毕单击"确定"按钮,效果如图 4-87 所示。

步骤 11 执行菜单"对象 / 扩展外观"命令,再使用 (直接选择工具)选择右边的正圆,将其填充"白色",如图 4-88 所示。

步骤 12 选择扩展外观后的对象,执行菜单"效果 / 扭曲和变换 / 变换"命令,打开"变换效果"对话框,其中的参数值设置如图 4-89 所示。

图 4-86　"变换效果"对话框　　图 4-87　变换后　　图 4-88　填充　　图 4-89　"变换效果"对话框

步骤⑬ 设置完毕单击"确定"按钮，效果如图 4-90 所示。

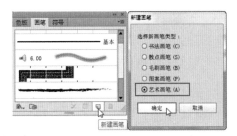

图 4-90　变换后

步骤⑭ 执行菜单"窗口 / 画笔"命令，打开"画笔"面板，单击 （新建画笔）按钮，在弹出的"新建画笔"对话框中选择"艺术画笔"单选按钮，如图 4-91 所示。

图 4-91　新建画笔

步骤⑮ 设置完毕单击"确定"按钮，打开"艺术画笔选项"对话框，参数值保持默认即可，如图 4-92 所示。

步骤⑯ 使用 （画笔工具）在页面中绘制图像，如图 4-93 所示。

图 4-92　"艺术画笔选项"对话框　　　　　　图 4-93　绘制图像

步骤 17 使用 （宽度工具）在图像尾部拖曳，将其调窄，效果如图 4-94 所示。

步骤 18 执行菜单"效果/风格化/外发光"命令，打开"外发光"对话框，其中的参数设置如图 4-95 所示。

图 4-94 调整宽度   图 4-95 外发光

步骤 19 设置完毕单击"确定"按钮，效果如图 4-96 所示。

步骤 20 在调整宽度的图像上绘制一个白色正圆，执行菜单"效果/应用外发光"命令，效果如图 4-97 所示。

图 4-96 添加外发光   图 4-97 绘制正圆并添加外发光

步骤 21 使用同样的方法，再绘制一个图像，调整宽度，效果如图 4-98 所示。

步骤 22 使用 （铅笔工具）绘制图像，效果如图 4-99 所示。

图 4-98 绘制图像   图 4-99 绘制图像

步骤 23 使用 （宽度工具）在图像上进行编辑，将一头调宽，效果如图 4-100 所示。

步骤 24 按 Ctrl+[快捷键，将铅笔图像向后调整一层，再执行菜单"效果/应用外发光"命令，效果如图 4-101 所示。

图 4-100 编辑宽度   图 4-101 添加外发光

步骤25 按 Ctrl+C 快捷键复制，再按 Shift+Ctrl+V 快捷键，将副本原位粘贴。执行菜单"对象 / 扩展外观"命令，将描边转换为填充，再使用 （橡皮擦工具）在图形中进行擦除，效果如图 4-102 所示。

步骤26 至此本例制作完毕，效果如图 4-103 所示。

图 4-102　擦除　　　　　　　　　图 4-103　最终效果

实例 29　使用锚点工具编辑曲线绘制热气球

（实例思路） -------------------------------------

　　 （锚点工具）可以在绘制的曲线或图形上进行编辑，在角点上拖曳可以将其变为尖角点，在直线上拖曳可以将直线变为曲线。本例在绘制椭圆后，使用 （直接选择工具）编辑椭圆形状，通过"缩放"命令缩小复制椭圆，再通过路径查找器对绘制的图形进行编辑，在图形上使用 （锚点工具）将直线调整为曲线效果，具体操作流程如图 4-104 所示。

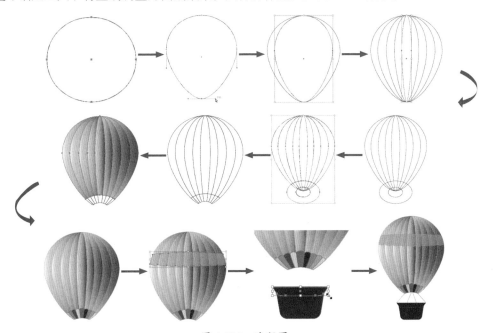

图 4-104　流程图

实例要点

▶▶ 新建文件
▶▶ 使用椭圆工具绘制椭圆
▶▶ 使用直接选择工具编辑形状
▶▶ 通过"缩放"命令复制并缩小图形

▶▶ 通过路径查找器分割图形
▶▶ 使用"渐变"面板填充渐变色
▶▶ 应用锚点工具调整曲线
▶▶ 使用直线段工具绘制直线

操作步骤

步骤01 执行菜单"文件/新建"命令或按 Ctrl+N 快捷键,打开"新建文档"对话框,所有参数都采用默认选项,单击"确定"按钮,新建一个空白文档。

步骤02 使用 ◎(椭圆工具)在页面中绘制一个椭圆,使用 ▶(直接选择工具)选择下面的锚点,将其向下拖动,再拖动控制手柄调整底部锚点的尖角,如图 4-105 所示。

步骤03 执行菜单"对象/变换/缩放"命令,打开"比例缩放"对话框,选择"不等比"单选按钮,设置"水平"为80%,其他参数不变,如图 4-106 所示。

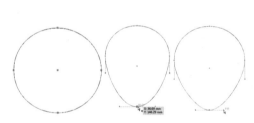

图 4-105　绘制椭圆并调整形状　　　　　　图 4-106　缩放

步骤04 设置完毕单击"复制"按钮,复制一个副本,效果如图 4-107 所示。

步骤05 再执行 3 次"缩放"命令,选择"不等比"单选按钮,"水平"分别设置为70%、60% 和40%,效果如图 4-108 所示。

步骤06 使用 ◎(椭圆工具)在底部绘制两个椭圆形,如图 4-109 所示。

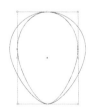

图 4-107　复制图形　　　图 4-108　缩小复制　　　图 4-109　绘制椭圆

步骤07 使用 ▶(选择工具)框选所有对象,执行菜单"窗口/路径查找器"命令,打开"路径查找器"面板,单击 ▣(分割)按钮,将选择的对象分割,效果如图 4-110 所示。

步骤08 执行菜单"对象/取消编组"命令或按 Shift+Ctrl+G 快捷键,将对象取消群组,选择底部的图形将其删除,效果如图 4-111 所示。

图 4-110　分割

图 4-111　取消编组后删除多余图形

步骤⑨ 选择上面的图形，执行菜单"窗口 / 色板"命令，打开"色板"面板，在其中选择"橙色、黄色"，效果如图 4-112 所示。

步骤⑩ 设置描边颜色为（C0，M35，Y85，K0），如图 4-113 所示。

图 4-112　填充

图 4-113　设置描边颜色

步骤⑪ 使用 （锚点工具）在底部图形的上面线条上拖动，将其变为曲线，效果如图 4-114 所示。

步骤⑫ 分别选择下面的图形，为其填充不同的灰色，效果如图 4-115 所示。

图 4-114　将直线调整为曲线

图 4-115　填色

步骤⑬ 使用 （矩形工具）在气球的中间部分绘制一个矩形，使用 （锚点工具）调整上下边的直线，将其调整成曲线，效果如图 4-116 所示。

图 4-116　绘制矩形并调整

步骤14 框选矩形和后面的图形，在"路径查找器"面板中，单击▣（分割）按钮，将选择的对象分割，效果如图 4-117 所示。

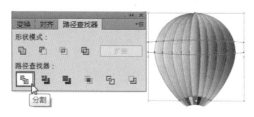

图 4-117　分割

步骤15 执行菜单"对象 / 取消编组"命令或按 Shift+Ctrl+G 快捷键，将对象取消群组，删除多余的图形，效果如图 4-118 所示。

步骤16 使用▶（锚点工具）调整分割后的图形，将其上下调整为曲线，效果如图 4-119 所示。

图 4-118　删除图形

图 4-119　调整图形

步骤17 选择分割后的图形，复制一个副本，将其填充为（C25，M25，Y40，K0）颜色，效果如图 4-120 所示。

步骤18 执行菜单"窗口 / 透明度"命令，打开"透明度"面板，设置"不透明度"为 57%，效果如图 4-121 所示。

图 4-120　填色

图 4-121　设置不透明度

步骤19 使用▣（矩形工具）绘制一个矩形，设置填充颜色为（C40，M65，Y90，K35）、描边颜色为（C0，M35，Y85，K0），使用▶（直接选择工具）将矩形调整成梯形后，再将底部角调整成圆角，效果如图 4-122 所示。

图 4-122　绘制矩形并调整

步骤20 复制一个副本并调整大小，效果如图 4-123 所示。

步骤 21 使用 🖊 （直线段工具）绘制 4 条直线，至此本例制作完毕，效果如图 4-124 所示。

图 4-123 复制并调整　　图 4-124 最终效果

实例 30　使用路径查找器制作太极球

实例思路

　　Illustrator CC 中的"路径查找器"面板可以对图形对象进行各种修剪操作，通过组合、分割、相交等方式对图形进行造型，可以将简单的图形修改出复杂的图形效果。本例先将两个正圆进行分割，再通过"路径查找器"面板联集对象，具体操作流程如图 4-125 所示。

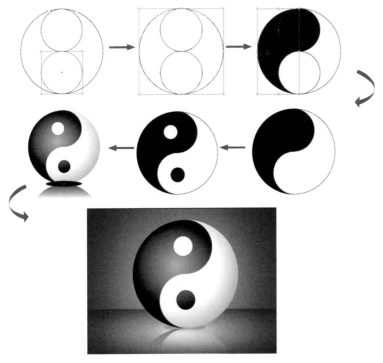

图 4-125　流程图

实例要点

▶ 新建文档
▶ 使用椭圆工具绘制固定大小的正圆
▶ 了解"分割下方对象"命令的使用

▶ 了解"路径查找器"面板的使用
▶ 填充渐变
▶ 设置混合模式和不透明度

操作步骤

步骤01 执行菜单"文件 / 新建"命令，新建一个空白文档，使用 ◯（椭圆工具）在文档中绘制一个半径为 100mm 的正圆和两个半径为 50mm 的正圆，如图 4-126 所示。

步骤02 分别选择小圆和大圆，执行菜单"窗口 / 路径查找器"命令，打开"路径查找器"面板，如图 4-127 所示。

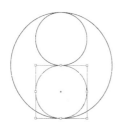

图 4-126　绘制正圆

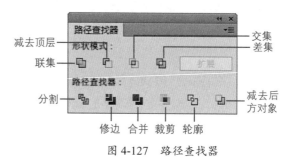

图 4-127　路径查找器

其中的各项参数含义如下。

● ◻（联集）：可以将所选择的所有对象合并成一个对象，被选对象内部的所有对象都被删除掉。相加后的新对象最上层一个对象的填充颜色与着色样式应用到整体联合的对象上来。

● ◻（减去顶层）：可以从选定的图形对象中减去一部分，通常是使用前面对象的轮廓作为界线，减去下面图形与之相交的部分。

● ◻（交集）：可以将选定的图形对象中相交的部分保留，将不相交的部分删除，如果有多个图形，则保留的是所有图形的相交部分。

● ◻（差集）：与 ◻（交集）产生的效果正好相反，可以将选定的图形对象中不相交的部分保留，而将相交的部分删除。如果选择的图形重叠个数为偶数，那么重叠的部分将被删除；如果重叠个数为奇数，那么重叠的部分将保留。

● 扩展：是将所编辑的形状转换为一个整体。"扩展"按钮只有创建复合形状后才会被激活，创建复合形状的方法是：选择需要编辑的形状后，按住 Alt 键单击"形状模式"中的按钮，此时"扩展"按钮会被激活。

● ◻（分割）：可以将所有选定的对象按轮廓线重叠区域分割，从而生成多个独立的对象，并删除每个对象被其他对象所覆盖的部分。分割后的图形填充和颜色都保持不变，各个部分保持原始的对象属性。如果分割的图形带有描边效果，分割后的图形将按新的分割轮廓进行描边。

- （修边）：利用上面对象的轮廓来剪切下面所有对象，将删除图形相交时看不到的图形部分。如果图形带有描边效果，将删除所有图形的描边。
- （合并）：与（分割）相似，可以利用上面的图形对象将下面的图形对象分割成多份。但它与分割不同的是，（合并）会将颜色相同的重叠区域合并成一个整体。如果图形带有描边效果，将删除所有图形的描边。
- （裁剪）：以最上面图形对象轮廓为基础，裁剪所有下面图形对象，与最上面图形对象不重叠的部分填充颜色变为"无"。可以将与最上面对象相交部分之外的对象全部裁剪掉。如果图形带有描边效果，将删除所有图形的描边。
- （轮廓）：将所有选中图形对象的轮廓线按重叠点裁剪为多个分离的路径，并对这些路径按照原图形的颜色进行着色，而且不管原始图形的轮廓线粗细为多少，执行"轮廓"命令后轮廓线的粗细都将变为0。
- （减去后方对象）：与（减去顶层）用法相似，只是该命令使用最后面的图形对象修剪前面的图形对象，保留前面没有与后面图形产生重叠的部分。

步骤03 分别选择小圆和后面的大圆，在"路径查找器"面板中单击（分割）按钮，效果如图4-128所示。

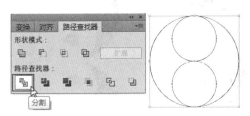

图4-128 分割

> 技巧：执行菜单"对象/路径/分割下方对象"命令，同样可以分割下方的对象，执行此命令只要选择前面的图形就可以了。

步骤04 执行菜单"对象/取消编组"命令或按Shift+Ctrl+G快捷键，将分割后的对象取消编组，再选择左侧填充黑色，效果如图4-129所示。

步骤05 将正圆与分割后的对象一同选取，执行菜单"窗口/路径查找器"命令，打开"路径查找器"面板，单击"联集"按钮，将其接合，效果如图4-130所示。

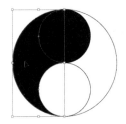

图4-129 填充

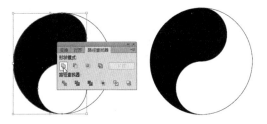

图4-130 联集

步骤 06 再绘制两个正圆，一个白色一个黑色，如图 4-131 所示。

步骤 07 绘制一个半径为 100mm 的正圆放置到太极图的上面，执行菜单"窗口 / 渐变"命令，打开"渐变"面板，设置"类型"为"径向"，渐变色为从白色到黑色，使用 （渐变工具）绘制渐变色，如图 4-132 所示。

图 4-131　绘制正圆　　　　　　　　　　图 4-132　渐变

步骤 08 执行菜单"窗口 / 透明度"命令，打开"透明度"面板，设置混合模式为"强光"、"不透明度"为 60%，效果如图 4-133 所示。

步骤 09 框选整个太极球，按 Ctrl+G 快捷键编组，单击 （镜像工具），设置参数后单击"复制"按钮，得到副本后向下移动，如图 4-134 所示。

图 4-133　设置透明度　　　　　　　　　图 4-134　镜像

步骤 10 在"透明度"面板中单击"制作蒙版"按钮，此时会添加一个蒙版。绘制一个矩形后，在"渐变"面板中设置渐变，使用 （渐变工具）绘制线性渐变，效果如图 4-135 所示。

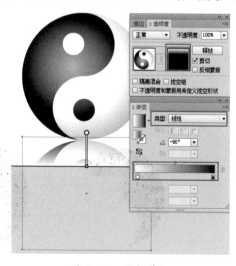

图 4-135　编辑蒙版

步骤⑪ 绘制一个黑色椭圆，执行菜单"效果/模糊/高斯模糊"命令，打开"高斯模糊"对话框，设置参数后，单击"确定"按钮，应用模糊后调整不透明度，再调整顺序，效果如图4-136所示。

图 4-136　高斯模糊

步骤⑫ 绘制矩形后填充渐变色，作为背景，效果如图4-137所示。

步骤⑬ 复制背景将其缩小，完成本例的制作，效果如图4-138所示。

图 4-137　渐变色　　　　　　　　　　　图 4-138　最终效果

本章练习与习题

练习

1. 练习编组对象进行组内选取。

2. 练习"对象/变换"命令。

习题

1. 对象的选取方式包括以下哪种？（　　　）

A. 普通　　　　　　　B. 魔棒　　　　C. 套索　　　　　D. Tab 键

2. 可以创建不规则选区的工具是什么？（　　　）

A. 自由变换　　　　　B. 套索　　　　C. 缩放　　　　　D. 增强

第 5 章

填 充 与 描 边

在绘制图形对象与制作图像时，大家总是希望能通过绚丽的色彩带给人以美的享受。在 Illustrator CC 中，颜色填充就是最重要的一个途径，任何一个绘制完的图形，如果没有经过填充和修饰，那么它就是一个空架子。颜色可以激发人的感情，创建完美的颜色搭配，可以使图像显得更加美丽。

本章将重点讲解 Illustrator CC 中单色填充、渐变填充、图案填充、渐变网格填充、实时上色和描边等操作，让您今后的工作更加得心应手。

本章内容

▶▶ 为门进行单色填充   ▶▶ 使用形状生成器与实时上色工具绘制豁牙蛙

▶▶ 使用渐变填充绘制水晶樱桃   ▶▶ 使用网格工具填充生肖兔

▶▶ 通过填充自定义樱桃图案   ▶▶ 通过描边制作卡通图形外轮廓

实例 31　为门进行单色填充

（实例思路）

　　通过"色板"面板，可以为图形填充预设的颜色，"颜色"面板可以填充任意的颜色。本例使用▢（矩形工具）、⬭（椭圆工具）和✒（钢笔工具）绘制几何图形后，对图形进行编辑，最后通过"色板""颜色"面板为图形填充颜色，具体操作流程如图 5-1 所示。

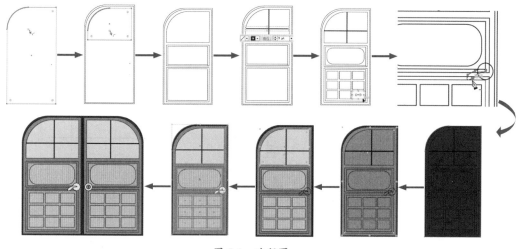

图 5-1　流程图

（实例要点）

▶ 新建文档
▶ 使用矩形工具绘制矩形
▶ 使用直接选择工具调整圆角
▶ 使用椭圆工具绘制正圆

▶ 使用钢笔工具绘制图形
▶ 使用"色板"面板填充预设颜色
▶ 使用"颜色"面板填充自定义颜色
▶ 镜像复制

（操作步骤）

步骤01 执行菜单"文件 / 新建"命令或按 Ctrl+N 快捷键，打开"新建文档"对话框，所有参数都采用默认选项，单击"确定"按钮，新建一个空白文档。

步骤02 使用▢（矩形工具）在页面中会绘制一个矩形，使用▷（直接选择工具）选择左上角的锚点，拖动圆角控制点，将其拖曳成圆角效果，如图 5-2 所示。

步骤03 按 Ctrl+C 快捷键复制图形，再按 Ctrl+F 快捷键将副本粘贴到前面，使用▶（选择工具）将其缩小，效果如图 5-3 所示。

步骤04 绘制一个小矩形，将其调整为左上角圆角，效果如图 5-4 所示。

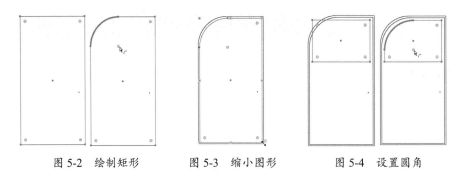

图 5-2　绘制矩形　　　图 5-3　缩小图形　　　图 5-4　设置圆角

步骤05 在下面再绘制 4 个小矩形，效果如图 5-5 所示。

步骤06 使用 ▨（直线段工具）绘制两条线条，将其摆成十字线，设置"描边"为3pt，效果如图 5-6 所示。

步骤07 在中间位置绘制一个矩形，拖动圆角控制点，将其变为圆角矩形，效果如图 5-7 所示。

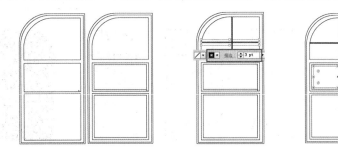

图 5-5　绘制矩形　　　图 5-6　绘制直线　　图 5-7　绘制矩形并转为圆角矩形

步骤08 使用 ▨（矩形工具）在下面的矩形中绘制一个小矩形，按住 Alt 键拖动，复制 8 个副本，将其进行移动调整位置，如图 5-8 所示。

步骤09 使用 ◯（椭圆工具）绘制一个正圆，效果如图 5-9 所示。

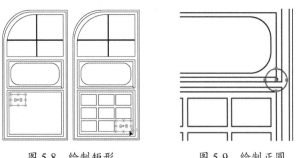

图 5-8　绘制矩形　　　图 5-9　绘制正圆

步骤10 使用 ✒（钢笔工具）绘制一个封闭图形，效果如图 5-10 所示。

步骤11 使用 ▸（选择工具）选择矩形后，执行菜单"窗口 / 色板"命令，打开"色板"面板，在其中选择（C15，M100，Y90，K10）颜色，效果如图 5-11 所示。

> 技巧：工具箱中的 ▣（填充和描边）按钮，可以指定所选对象的填充颜色和描边颜色，当单击 ↳ 按钮（快捷键为 X）时，可以切换当前设置的颜色是填充还是描边；按 Shift+X 快捷键，可使选定对象的颜色在填充和描边之间切换。

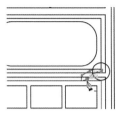
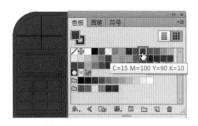

图 5-10　绘制图形　　　　　图 5-11　填充颜色

步骤 12 选择矩形后，在"色板"面板中选择（C0，M50，Y100，K0）颜色，效果如图 5-12所示。

步骤 13 按住 Shift 键单击两个矩形将其一同选取，在"色板"面板中，选择（C0，M35，Y85，K0）颜色，效果如图 5-13 所示。

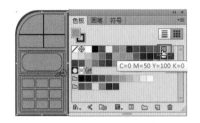
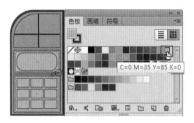

图 5-12　填色　　　　　　　图 5-13　选择矩形并填充

步骤 14 将 9 个小矩形和其中的圆角矩形一同选取，执行菜单"窗口 / 颜色"命令，打开"颜色"面板，设置填充颜色，如图 5-14 所示。

步骤 15 选择上面的小矩形，在"颜色"面板中设置填充颜色，如图 5-15 所示。

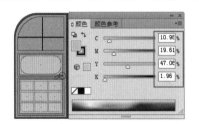
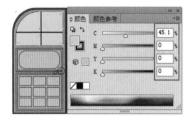

图 5-14　填色　　　　　　　图 5-15　填色

技巧：在"颜色"面板中，将鼠标指针放置到 "填色"图标上，将其拖曳到"色板"面板中，松开鼠标就可以将当前的颜色添加到"色板"面板中，如图 5-16 所示。

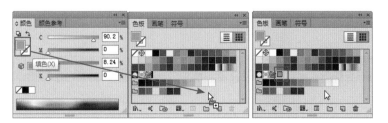

图 5-16　将颜色添加到"色板"面板中

步骤⑯ 选择正圆和钢笔绘制的图形，在"颜色"面板中设置填充颜色，效果如图 5-17 所示。

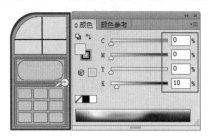

图 5-17　填色

步骤⑰ 框选所有对象，在工具箱中双击 🔳（镜像工具），打开"镜像"对话框，选择"垂直"按钮，其他参数不变，单击"复制"按钮，复制一个镜像后的副本，将副本移动到右侧，效果如图 5-18 所示。

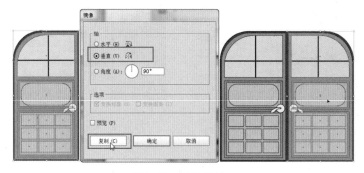

图 5-18　镜像复制

步骤⑱ 将钢笔绘制的图形选取后，按Delete键将其删除，使用 🔳（椭圆工具）绘制一个灰色正圆，效果如图 5-19 所示。

步骤⑲ 使用 🔳（文字工具）输入一个黑色"+"，至此本例制作完毕，效果如图 5-20 所示。

图 5-19　绘制正圆　　　　图 5-20　最终效果

实例 32　使用渐变填充绘制水晶樱桃

（实例思路）--

　　渐变是由不同百分比的基本色间的渐变混合所衍生出来的颜色，可以是从一种颜色到另一种颜色的多色渐变，也可以是黑白灰之间的无色系渐变。与单色填充不同的是，单色填充只要一种颜色，而渐变是由两种或两种以上的颜色组成。本例在绘制正圆后对其形状进行调整，再使用"渐变"面板为图形进行渐变填充，绘制图形并应用"减去顶层"功能来编辑图形，然后为其调整不透明度，具体操作流程如图 5-21 所示。

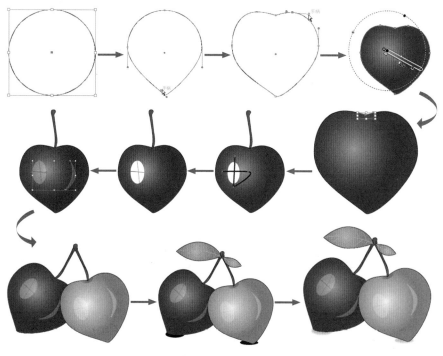

图 5-21　流程图

实例要点

▶ 新建文档
▶ 使用椭圆工具绘制椭圆
▶ 使用直接选择工具编辑椭圆
▶ 使用"渐变"面板编辑渐变色
▶ 使用"路径查找器"中"减去顶层"编辑图形

▶ 设置不透明度
▶ 扩展描边
▶ 绘制铅笔线条
▶ 使用平滑工具编辑铅笔线条

操作步骤

步骤01 执行菜单"文件 / 新建"命令或按 Ctrl+N 快捷键，打开"新建文档"对话框，所有参数都采用默认选项，单击"确定"按钮，新建一个空白文档。

步骤02 使用（椭圆工具）绘制一个椭圆，使用（直接选择工具）调整椭圆的形状，效果如图 5-22 所示。

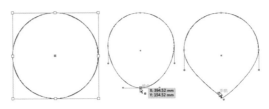

图 5-22　绘制椭圆并调整形状

步骤03 使用 在顶部添加两个锚点，再使用 调整形状，效果如图 5-23 所示。

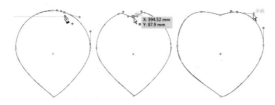

图 5-23　添加锚点并调整形状

步骤04 执行菜单"窗口 / 渐变"命令，打开"渐变"面板，如图 5-24 所示。

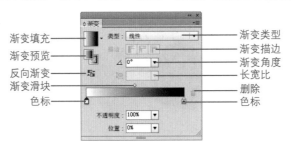

图 5-24　"渐变"面板

其中的各项参数含义如下。

● 渐变填充：单击可以启动渐变填充，单击右边的倒三角可以在下拉菜单中看到渐变色板。

● 渐变预览：用来控制"填充"和"描边"进行渐变色填充时的选项，哪项在前面就是对哪项进行渐变填充。

● 反向渐变：将渐变顺序进行反转。

● 渐变滑块：用来控制渐变色的分布范围。

● 色标：控制渐变色的颜色，色标越多渐变色也越多。

● 渐变类型：包括"线性"渐变和"径向"渐变。

● 渐变描边：为对象的轮廓进行渐变填充。

● 渐变角度：用来设置渐变色的填充角度。

● 长宽比：该选项只能应用于"径向"渐变，用来控制填充径向渐变色的圆度。

● 删除：选择色标后单击此按钮，可以将此色标删除。

● 不透明度：用来控制当前色标对应颜色的不透明度。

● 位置：控制当前选择色标的位置。

步骤⑤ 在"渐变"面板中，设置渐变"类型"为"径向"，渐变色从左到右依次为（C1.57，M46.27，Y34.9，K0）、（C29.41，M91.76，Y96.08，K17.65），使用■（渐变工具）调整渐变位置和方向，效果如图 5-25 所示。

步骤⑥ 使用◉（椭圆工具）绘制一个黑色椭圆，如图 5-26 所示。

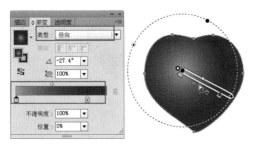 

图 5-25　填充渐变色　　　　　　　图 5-26　绘制椭圆

步骤⑦ 使用▶（选择工具）框选所有对象，复制一个副本，执行菜单"窗口 / 路径查找器"命令，打开"路径查找器"面板，单击▣（交集）按钮，得到一个相交后的图形。将原图中的椭圆删除，将相交后的图形拖曳到上面，效果如图 5-27 所示。

步骤⑧ 在"渐变"面板中，设置渐变"类型"为"径向"，左侧色标颜色为（C40，M48.24，Y98.24，K30.98），右侧色标的"不透明度"为 0，效果如图 5-28 所示。

图 5-27　交集　　　　　　　　　　图 5-28　填色

步骤⑨ 使用✏（铅笔工具）绘制一个封闭图形，使用▱（平滑工具）在铅笔线条上拖动，对其进行平滑处理，如图 5-29 所示。

步骤⑩ 在"渐变"面板中，设置渐变"类型"为"径向"，渐变色从左到右依次为（C47.06，M45.49，Y94.9，K37）、（C33.33，M54，Y99，K25），效果如图 5-30 所示。

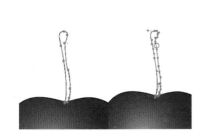 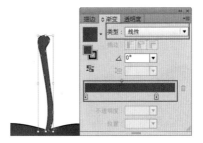

图 5-29　绘制图形并进行编辑　　　　图 5-30　填色

步骤⑪ 使用◉（椭圆工具）绘制一个白色椭圆，使用✒（钢笔工具）绘制一个线条，设置"粗细"为 2pt,效果如图 5-31 所示。

步骤⑫ 执行菜单"对象 / 扩展"命令,将描边扩展成填充,效果如图 5-32 所示。

图 5-31　绘制椭圆和线条　　　　　图 5-32　扩展后

步骤⑬ 将扩展后的对象与后面的椭圆一同选取,在"路径查找器"面板中单击▣(减去顶层)按钮,效果如图 5-33 所示。

图 5-33　减去顶层

步骤⑭ 使用▨(钢笔工具)绘制一个白色图形。将两个白色图形一同选取,执行菜单"窗口/透明度"命令,设置"不透明度"为 27%,如图 5-34 所示。

步骤⑮ 框选所有图形,复制一个副本,对其进行旋转并调整位置,如图 5-35 所示。

图 5-34　不透明度　　　　　　　　图 5-35　复制图形

步骤⑯ 将右侧的樱桃填充"从黄色到橘黄色"的径向渐变,如图 5-36 所示。

步骤⑰ 使用▨(铅笔工具)绘制两条黑色铅笔线条,如图 5-37 所示。

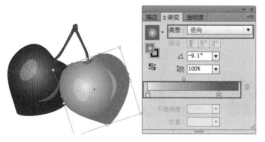

图 5-36　填充渐变色　　　　　　　图 5-37　绘制铅笔线条

步骤⑱ 绘制一个树叶。使用 ◯（椭圆工具）绘制椭圆，使用 ▶（直接选择工具）调整形状，为其填充"从浅绿色到绿色"的径向渐变，效果如图 5-38 所示。

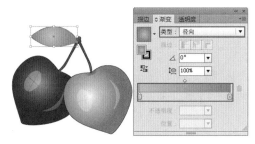

图 5-38　绘制树叶

步骤⑲ 使用 ✎（铅笔工具）绘制叶脉，使用 ✎（宽度工具）调整铅笔宽度，效果如图 5-39 所示。

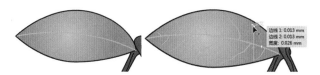

图 5-39　绘制叶脉

步骤⑳ 选择树叶，复制一个副本，将其缩小后调整位置并进行旋转，效果如图 5-40 所示。

步骤㉑ 使用 ◯（椭圆工具）绘制两个黑色椭圆，按 Shift+Ctrl+[快捷键将其调整到最底层，效果如图 5-41 所示。

步骤㉒ 执行菜单"效果 / 模糊 / 高斯模糊"命令，打开"高斯模糊"对话框，其中的参数值设置如图 5-43 所示。

图 5-40　复制树叶　　　　图 5-41　绘制椭圆　　　　图 5-42　高斯模糊

步骤㉓ 设置完毕单击"确定"按钮，再设置"不透明度"为 26%，如图 5-43 所示。

步骤㉔ 至此本例制作完毕，效果如图 5-44 所示。

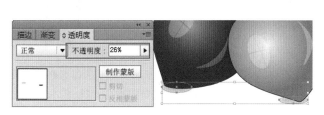 

图 5-43　不透明度　　　　　　　　图 5-44　最终效果

实例 33　通过填充自定义樱桃图案

实例思路

　　在 Illustrator CC 中，"图案填充"是一种特殊的填充。"图案填充"与"渐变填充"不同，它不但可以填充图形的内部区域，也可以填充路径描边。"图案填充"会自动根据图案和所要填充对象的范围决定图案的拼贴效果。本例在定义图案后，为矩形填充图案，具体的操作流程如图 5-45 所示。

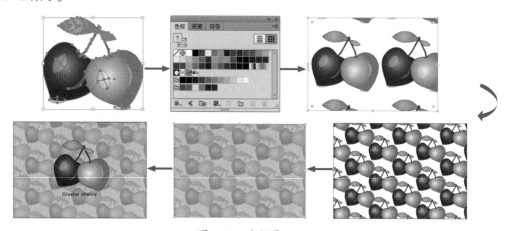

图 5-45　流程图

实例要点

▶ 新建文档

▶ 复制图形

▶ 拖曳图形到"色板"面板中

▶ 调整图案大小和拼贴类型

▶ 输入文字

操作步骤

步骤 01　执行菜单"文件 / 新建"命令或按 Ctrl+N 快捷键，打开"新建文档"对话框，所有参数都采用默认选项，单击"确定"按钮，新建一个空白文档。

步骤 02　选择上节绘制的"樱桃"，将其复制到新建文档中，如图 5-46 所示。

步骤 03　使用 ▶（选择工具）将图形拖曳到"色板"面板中，松开鼠标将其定义为色板图案，效果如图 5-47 所示。

步骤 04　使用 □（矩形工具）在页面中绘制一个矩形，在"色板"面板中单击刚才定义的图案，对其进行填充，效果如图 5-48 所示。

图 5-46　复制的图形

图 5-47　定义图案

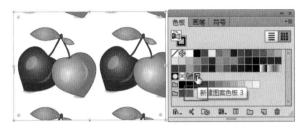

图 5-48　填充图案

步骤 05 在"色板"面板中双击刚才定义的图案，进入到图案编辑状态，拖动图形图案将其缩小，如图 5-49 所示。

步骤 06 在"拼贴类型"下拉列表中选择"十六进制（按列）"，"水平间距"与"垂直间距"都设置为 1.5mm，其他参数不变，如图 5-50 所示。

图 5-49　缩小图形

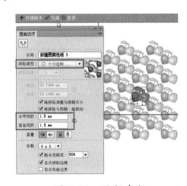

图 5-50　编辑参数

步骤 07 设置完毕单击"完成"按钮，效果如图 5-51 所示。

步骤 08 选择填充图案的矩形，按 Ctrl+C 快捷键复制图形，按 Ctrl+F 快捷键将其粘贴到前面，再将其填充"橘色"，效果如图 5-52 所示。

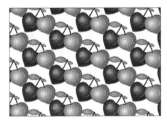

图 5-51　填充图案

图 5-52　复制并填充

步骤 09 设置"不透明度"为 78%，效果如图 5-53 所示。

图 5-53　不透明度

步骤⑩ 再次选择樱桃，按 Shift+Ctrl+] 快捷键将其放置到最顶层，如图 5-54 所示。

步骤⑪ 使用 T（文字工具）输入文字，至此本例制作完毕，效果如图 5-55 所示。

图 5-54　调整顺序　　　　　图 5-55　最终效果

技巧：在图形上绘制一个矩形，将绘制的矩形"填充"和"描边"都设置为"无"，执
行菜单"对象 / 排列 / 置于底层"命令，将矩形放置到最底层。再将图形一同选取，
将其拖曳到"色板"面板中，可以将矩形区域内的图形定义为图案，如图 5-56 所示。

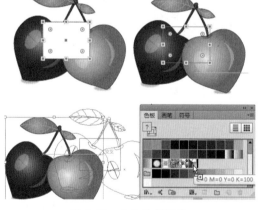

图 5-56　定义局部图案

实例 34　使用形状生成器与实时上色工具绘制龅牙蛙

（实例思路）

在 Illustrator CC 中，（形状生成器工具）可以通过合并或擦除简单形状创建出复杂的
形状，它对简单复合路径有效，可以直观高亮显示所选对象中可合并为新形状的边缘和选择区
域；实时上色类似使用传统的着色工具上色，无须考虑图层或堆栈顺序，从而使工作流程更加

流畅自然。本例在绘制形状后，使用 ![]（形状生成器工具）将图形生成新的形状；绘制图形和直线后，应用 ![]（实时上色工具）为局部区域上色，具体操作流程如图 5-57 所示。

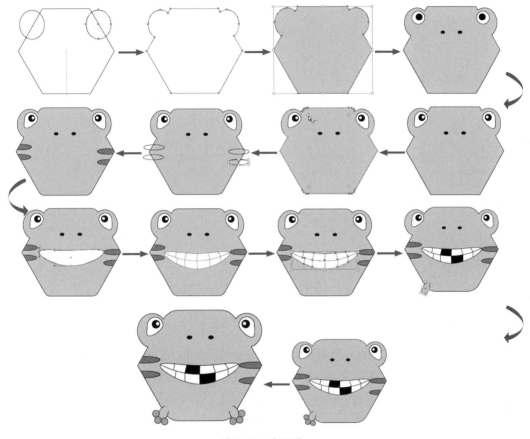

图 5-57　流程图

实例要点

▶▶ 新建文档

▶▶ 使用多边形工具绘制六边形

▶▶ 使用椭圆工具绘制椭圆

▶▶ 使用形状生成器工具生成新形状

▶▶ 使用直线段工具绘制直线

▶▶ 使用实时上色工具为局部区域填充颜色

▶▶ 使用路径橡皮擦工具擦除路径

操作步骤

步骤01 执行菜单"文件 / 新建"命令或按 Ctrl+N 快捷键，打开"新建文档"对话框，所有参数都采用默认选项，单击"确定"按钮，新建一个空白文档。

步骤02 使用 ![]（多边形工具）绘制一个六边形，再使用 ![]（椭圆工具）绘制两个椭圆，如图 5-58 所示。

步骤03 使用 ▶ （选择工具）框选所有图形后，在 🔲 （形状生成器工具）上双击，打开"形状生成器工具选项"对话框，如图 5-59 所示。

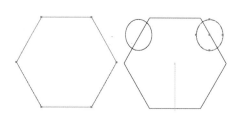

图 5-58　绘制六边形和椭圆　　　　图 5-59　形状生成器工具选项

其中的各项参数含义如下。

- 间隙检测：勾选该项，可以设置间隙的长度为"小""中""大"，或者自定义为某个精确的数值。此时，软件将查找最接近指定间隙长度值的间隙。

- 将开放的填色路径视为闭合：勾选该项，则会为开放的路径创建一段不可见的边缘以生成一个选区。单击选区内部时，会创建一个形状。

- 在合并模式中单击"描边分割路径"：勾选该项，在合并模式中单击描边即可分割路径。该选项允许将父路径拆分为两个路径，第一个路径将从单击的边缘创建，第二个路径是父路径中除第一个路径外剩余的部分。

- 拾色来源：可以从颜色色板中选择颜色，或者从现有图稿所用的颜色中选择，来给对象上色。当选择"颜色色板"时，可选择"光标色板预览"，此时，光标就会变成使用实时上色工具时光标的样子。可以使用方向键来选择色板中的颜色。

- 所选对象：用来控制生成形状的线条对象是"直线"还是"任意形状"。

- 填充：勾选该项，当鼠标指针滑过所选路径时，可以合并的路径或选区将以灰色突出显示。

- 可编辑时突出显示描边：勾选该项，将突出显示可编辑的描边，并可以设置描边显示的颜色。

步骤04 设置完毕单击"确定"按钮，使用 🔲 （形状生成器工具）在图形上拖动创建新的形状，效果如图 5-60 所示。

步骤05 选择生成的形状，在"色板"面板中为其填充（C50，M0，Y100，K0）颜色，效果如图 5-61 所示。

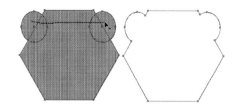

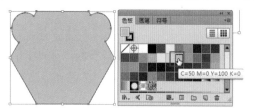

图 5-60　创建新形状　　　　　　图 5-61　填色

步骤06 使用 ▣（椭圆工具），绘制白色正圆和黑色正圆作为眼睛，绘制两个黑色椭圆作为鼻孔，效果如图 5-62 所示。

步骤07 使用 ▣（直接选择工具）选择白色正圆中的底部锚点，拖动调整形状，再绘制两个白色小正圆，效果如图 5-63 所示。

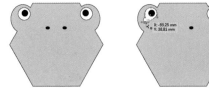

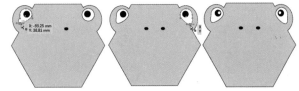

图 5-62　绘制椭圆　　　　　　　　　　图 5-63　调整形状

步骤08 使用 ▣（直接选择工具）将生成形状后的上下锚点选取，拖动圆角控制点将其调整成圆角效果，如图 5-64 所示。

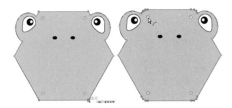

图 5-64　调整圆角

步骤09 使用 ▣（椭圆工具）在图形上绘制 4 个椭圆形，如图 5-65 所示。

步骤10 框选图中的椭圆和多边形图形，使用 ▣（形状生成器工具）在相交的区域单击，生成新形状，效果如图 5-66 所示。

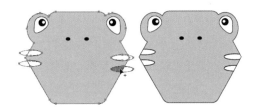

图 5-65　绘制椭圆　　　　　　　　　　图 5-66　椭圆并调整

步骤11 将新生成的形状填充（C85，M10，Y100，K10）颜色，效果如图 5-67 所示。

步骤12 使用 ▣（椭圆工具）绘制一个白色椭圆，使用 ▣（直接选择工具）调整形状，效果如图 5-68 所示。

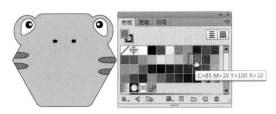

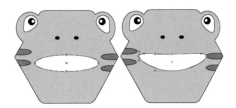

图 5-67　填充颜色　　　　　　　　　　图 5-68　绘制椭圆并调整

步骤⑬ 使用 （钢笔工具）和 ✏️（直线段工具）绘制一条曲线和数条直线，将其作为嘴巴，如图 5-69 所示。

步骤⑭ 将嘴巴区域全部选取，执行菜单"对象 / 实时上色 / 建立"命令，将选择的圆形和线条变为"实时上色"组，如图 5-70 所示。

步骤⑮ 使用 🖌️（实时上色工具）为门牙填充黑色，效果如图 5-71 所示。

图 5-69　绘制曲线和直线　　　图 5-70　创建实时上色组　　　图 5-71　实时上色

步骤⑯ 使用 ⬭（椭圆工具）绘制一个椭圆，将其填充（C50，M0，Y100，K0）颜色，效果如图 5-72 所示。

步骤⑰ 使用 ✏️（路径橡皮擦工具）擦除部分路径，效果如图 5-73 所示。

步骤⑱ 使用 ⬭（椭圆工具）绘制 3 个正圆，将其填充（C75，M0，Y100，K0）颜色，作为青蛙的爪子，效果如图 5-74 所示。

图 5-72　绘制椭圆并填充　　　图 5-73　擦除部分路径　　　图 5-74　绘制正圆

步骤⑲ 选择爪子，复制一个副本，将其移动到右侧。在工具箱中双击 🔳（镜像工具），打开"镜像"对话框，选择"垂直"单选按钮，其他参数不变，单击"确定"按钮，至此本例制作完毕，效果如图 5-75 所示。

图 5-75　最终效果

☀️ 实例 35　使用网格工具填充生肖兔

（实例思路）

使用 🔲（网格工具）创建渐变网格更加方便和自由，它可以在图形中的任意位置创建渐变网格。本例先绘制并编辑形状，通过 🔲（网格工具）创建网格，再对网格进行颜色填充，使其出现渐变的效果，具体操作流程如图 5-76 所示。

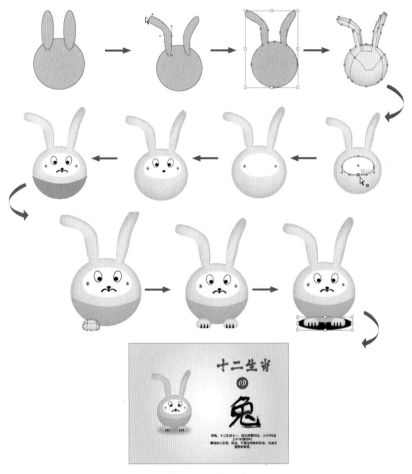

图 5-76 流程图

实例要点

▶▶ 使用椭圆工具绘制椭圆

▶▶ 使用宽度工具调整线条

▶▶ 使用直接选择工具编辑形状

▶▶ 使用钢笔工具绘制

▶▶ 使用路径查找器创建联集

▶▶ 应用"高斯模糊"

▶▶ 使用网格工具创建网格并编辑颜色

▶▶ 为背景填充渐变色

操作步骤

步骤 01 执行菜单"文件 / 新建"命令或按 Ctrl+N 快捷键，打开"新建文档"对话框，所有参数都采用默认选项，单击"确定"按钮，新建一个空白文档。

步骤 02 使用 ◯ (椭圆工具) 绘制三个椭圆，如图 5-77 所示。

步骤 03 使用 ▶ (直接选择工具) 对上面的两个椭圆顶部分别进行调整，效果如图 5-78 所示。

图 5-77　绘制椭圆　　　　　　图 5-78　调整图形

步骤 04 框选所有对象，执行菜单"窗口 / 路径查找器"命令，打开"路径查找器"面板，单击
（联集）按钮，将选择的对象合并为一个对象，效果如图 5-79 所示。

步骤 05 使用 （网格工具）在对象上单击，添加网格，将网格处填充灰色，效果如图 5-80 所示。

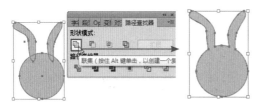
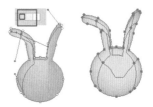

图 5-79　联集　　　　　　　　　图 5-80　添加网格

技巧：使用 （网格工具）在图形的空白处单击，将创建水平和垂直的网格；如果在水
平网格线上单击，可以只创建垂直网格；在垂直网格线上单击，可以只创建水
平网格；使用 （网格工具）在渐变填充的图形上单击，不管事先设置什么颜色，
图形的填充都将变成黑色。

技巧：要想编辑渐变网格，首先要选择渐变网格的锚点或网格区域，使用 （网格工具）
可以选择锚点，但不能选择网格区域。所以一般都使用 （直接选择工具）来
选择锚点或网格区域，其使用方法与编辑路径的方法相同，只需要在锚点上单击，
即可选择该锚点，选择的锚点将显示为黑色实心效果，而没有选中的锚点将显
示为空心效果；选择网格区域的方法更加简单，只需要在网格区域中单击鼠标，
即可将其选中。

步骤 06 使用 （椭圆工具）绘制一个白色椭圆，再使用 （直接选择工具）调整椭圆形状，
效果如图 5-81 所示。

步骤 07 使用 （网格工具）在椭圆两边上，单击创建网格，并为其填充红色作为腮红，如图 5-82
所示。

图 5-81　调整椭圆　　　　　　　图 5-82　创建网格

步骤08 使用 ▣（椭圆工具）绘制眼睛、鼻子，使用 ✎（钢笔工具）绘制嘴巴路径，再使用 ✎（宽度工具）调整路径宽度，效果如图 5-83 所示。

步骤09 使用 ✎（钢笔工具）绘制一个半圆，将其填充为（C80，M10，Y45，K0）颜色，设置混合模式为"强光"，效果如图 5-84 所示。

图 5-83　绘制图形　　　　　　　　　　图 5-84　混合模式

步骤10 使用 ▣（椭圆工具）绘制椭圆，再使用 ▸（直接选择工具）调整椭圆形状，如图 5-85 所示的效果。

步骤11 使用 ▦（网格工具）在椭圆两边上单击创建网格，为网格填充灰色，效果如图 5-86 所示。

图 5-85　编辑椭圆　　　　　　　　　　图 5-86　创建网格

步骤12 使用 ╱（直线段工具）绘制竖线，再使用 ✎（宽度工具）调整路径宽度，如图 5-87 所示。

步骤13 复制两个副本，完成脚部的制作，使用同样的方法制作另一只脚，至此生肖兔主体制作完毕，效果如图 5-88 所示。

步骤14 绘制一个黑色椭圆，将其调整到最后一层，如图 5-89 所示。

步骤15 执行菜单"效果 / 模糊 / 高斯模糊"命令，打开"高斯模糊"对话框，其中的参数值设置如图 5-90 所示。

步骤16 设置完毕单击"确定"按钮，设置混合模式为"正片叠底"、"不透明度"为40%，如图 5-91 所示。

图 5-87　调整路径　　　　　　　　　　图 5-88　制作脚

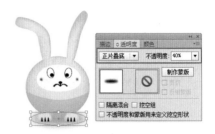

图 5-89　绘制椭圆　　　图 5-90　"高斯模糊"对话框　　　图 5-91　模糊后设置不透明度

步骤⑰ 下面制作背景。使用 ▢ （矩形工具）绘制矩形，为矩形填充从白色到粉色的径向渐变，将描边颜色设置为"红色"，效果如图 5-92 所示。

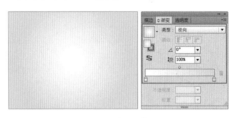

图 5-92　渐变填充

步骤⑱ 将生肖兔移到背景上，效果如图 5-93 所示。

步骤⑲ 使用 Ｔ （文字工具）在背景上输入文字，完成本例的制作，效果如图 5-94 所示。

图 5-93　移动图形　　　　　图 5-94　最终效果

技巧：为图形创建渐变网格，还可以通过"创建渐变网格"命令，方法是首先选择一个图形对象，然后执行菜单"对象/创建渐变网格"命令，系统会打开"创建渐变网格"对话框，在该对话框中可以设置渐变网格的相关信息，如图 5-95 所示。

图 5-95　创建渐变网格效果

其中的各项参数含义如下。

● 行数：设置渐变网格的行数。

● 列数：设置渐变网格的列数。

● 外观：设置渐变网格的外观效果。可以从下拉列表中选择"平淡色""至中心"和"至边缘"等选项。

● 高光：设置颜色的淡化程度，数值越大高光越亮。取值范围为 0~100%。

实例 36 通过描边制作卡通图形外轮廓

（实例思路） -

　　除了使用颜色对描边进行上色外，还可以使用"描边"面板设置描边的其他属性，如描边的粗细、端点、斜接限制、连接、对齐描边和虚线等。本例就是将图形创建"联集"后，再为其应用"偏移路径"命令扩大图形，为图形设置描边虚线效果，具体操作流程如图 5-96 所示。

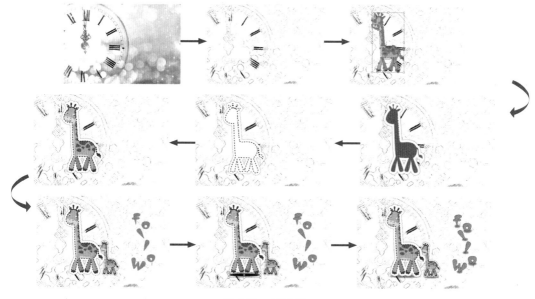

图 5-96　流程图

（实例要点） -

▶ 新建文件　　　　　　　　　　　　　　▶ 创建"联集"

▶ 置入素材　　　　　　　　　　　　　　▶ 应用"路径偏移"命令

▶ 为素材应用"炭笔"滤镜　　　　　　　▶ 打开"描边"面板设置虚线

▶ 移入矢量图　　　　　　　　　　　　　▶ 设置高斯模糊和不透明度

（操作步骤） -

步骤 01 执行菜单"文件 / 新建"命令或按 Ctrl+N 快捷键，打开"新建文档"对话框，所有参数都采用默认选项，单击"确定"按钮，新建一个空白文档。

步骤 02 执行菜单"文件 / 置入"命令，置入"素材 \ 第 5 章 \ 表 .jpg"素材文件，如图 5-97 所示。

图 5-97　置入素材文件

步骤 03 执行菜单"效果／鼠标／炭笔"命令,打开"炭笔"对话框,其中的参数值设置如图 5-98 所示。

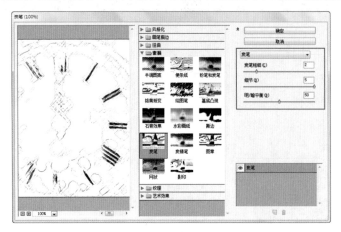

图 5-98　"炭笔"对话框

步骤 04 设置完毕单击"确定"按钮,效果如图 5-99 所示。

步骤 05 执行菜单"文件／打开"命令,打开"素材＼第 5 章＼长颈鹿 .ai"文件,按 Ctrl+Shift+G 快捷键取消编组,再选择长颈鹿,如图 5-100 所示。

图 5-99　应用"炭笔"

图 5-100　打开文件并选择

步骤 06 按 Ctrl+C 快捷键复制图像,打开新建文档,按 Ctrl+V 快捷键粘贴图像,调整大小和位置,如图 5-101 所示。

步骤 07 复制一个副本,移动到一边备用。选择长颈鹿原图,执行菜单"窗口／路径查找器"命令,打开"路径查找器"面板,单击 （联集）按钮,效果如图 5-102 所示。

图 5-101　移入素材

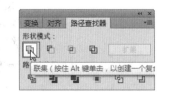

图 5-102　联集

步骤 08 执行菜单"对象／路径／偏移路径"命令,其中的参数值设置如图 5-103 所示。

步骤 09 设置完毕单击"确定"按钮,选择外框的图形,将其填充为"白色"、描边颜色为"橘色", 效果如图 5-104 所示。

步骤⑩ 执行菜单 "窗口 / 描边" 命令, 打开 "描边" 面板, 设置 "粗细" 为 2pt、"虚线" 为 3pt, 如图 5-105 所示。

图 5-103　偏移路径　　　　　图 5-104　填色　　　　　图 5-105　设置描边

其中的各项参数含义如下。

- 粗细: 用来设置描边的宽度。
- 端点: 用来设置描边路径的端点形状, 分为平头端点、圆头端点和方头端点 3 种。要设置描边路径的端点, 首先选择要设置端点的路径, 然后单击需要的端点按钮即可。
- 边角: 用来设置描边路径的拐角。
- 限制: 设置路径转角的连接效果, 可以通过数值来控制, 也可以直接单击左侧的 "斜接连接" "圆角连接" 和 "斜角连接" 来修改。
- 对齐描边: 设置填色与路径之间的相对位置, 包括 "使描边居中对齐" "使描边内侧对齐" 和 "使描边外侧对齐" 3 个选项。
- 虚线: 勾选该复选框, 可以将实线路径显示为虚线效果, 并可以通过下方的文本框输入虚线的长度和间隔的长度, 利用这些可以设置出不同的虚线效果。
- 箭头: 用来设置起始箭头和结束箭头。
- 缩放: 用来控制起始箭头和结束箭头的缩放百分比。
- 对齐: 用来扩展到路径终点或放置到路径终点。
- 配置文件: 用来控制路径的形状。

步骤⑪ 调整虚线后, 效果如图 5-106 所示。

图 5-106　设置虚线

步骤⑫ 选择中间的对象, 将其填充设置为 "无"、描边颜色设置为 "黑色"。在 "描边" 面板, 设置 "粗细" 为 2pt、"虚线" 为 3pt, 如图 5-107 所示。

步骤⑬ 将长颈鹿副本移动到背景上，效果如图 5-108 所示。

图 5-107　描边　　　　　　　　　　　　　图 5-108　调整

步骤⑭ 框选长颈鹿，复制一个副本，将其缩小，按 Ctrl++[快捷键数次，直到调整到大长颈鹿的后面为止，效果如图 5-109 所示。

步骤⑮ 使用 T（文字工具）在页面中输入橘黄色的文字，效果如图 5-110 所示。

图 5-109　复制并缩小　　　　　　　　　　图 5-110　输入文字

步骤⑯ 执行菜单"文字 / 创建轮廓"命令或按 Ctrl+Shift+O 快捷键，将文字转换成图形效果，如图 5-111 所示。

步骤⑰ 执行菜单"对象 / 取消编组"命令或按 Ctrl+Shift+G 快捷键取消编组，单独选择每个字符图形，移动位置，效果如图 5-112 所示。

图 5-111　将文字创建成轮廓　　　　　　　图 5-112　取消编组并移动位置

步骤⑱ 将所有字符图形一同选取，将其描边颜色设置为"黑色"，在"描边"面板中设置"粗细"为 1pt、"虚线"为 3pt，效果如图 5-113 所示。

步骤⑲ 使用（椭圆工具）在长颈鹿脚下绘制一个黑色椭圆，效果如图 5-114 所示。

步骤⑳ 执行菜单"效果 / 模糊 / 高斯模糊"命令，打开"高斯模糊"对话框，设置"半径"为 9.5 像素，如图 5-115 所示。

图 5-113　设置描边

图 5-114　绘制椭圆

图 5-115　"高斯模糊"对话框

步骤21 设置完毕单击"确定"按钮，效果如图 5-116 所示。

图 5-116　模糊后

步骤22 设置"不透明度"为 55%，按 Ctrl++[快捷键数次，直到调整到大长颈鹿的后面为止，效果如图 5-117 所示。

图 5-117　设置不透明度

步骤23 复制副本后调整大小，将其移动到小长颈鹿脚下和每个字符图形的底部，效果如图 5-118 所示。

图 5-118　复制并调整

步骤24 在每个字符下面都复制一个透明椭圆，将其作为阴影，至此本例制作完毕，效果如图 5-119 所示。

图 5-119　最终效果

本章练习与习题

练习

1. 练习通过"色板"面板或"颜色"面板填充颜色。

2. 练习实时上色。

习题

1. "颜色"面板不但可以填充颜色，还可以为对象填充_____。

2. _____可以通过合并或擦除简单形状创建出复杂的形状，它对简单复合路径有效，可以直观高亮显示所选对象中可合并为新形状的边缘和选区。

6

第6章

图层与蒙版

图层的使用在图像处理中是一个很重要的内容，因为有了图层，图像的编辑比以前方便多了。图层就像一张透明的纸，用户可以在这些纸上绘制需要绘制的图形，然后再将这些透明的纸按照用户的要求和次序进行叠加。蒙版可以对图形进行区域的遮罩，使作品看起来更加的融合。本章将讲解图层和蒙版的使用。

本章内容

▶▶ 通过剪切蒙版制作放大镜效果   ▶▶ 使用新建图层制作混合图像

▶▶ 通过调整图层顺序制作卡通信纸   ▶▶ 使用编组图层内容为龅牙蛙制作背景

▶▶ 通过渐变编辑蒙版制作水晶按钮   ▶▶ 剪切蒙版结合蒙版制作大嘴鸟图形

实例 37   通过剪切蒙版制作放大镜效果

（实例思路） --

　　剪切蒙版是一个可以用其形状遮盖其他图形的对象，即遮住不需要显示或打印的部分。本例通过在图像上绘制正圆，之后将正圆与图像创建为剪切蒙版，使其只显示正圆内的图像；再绘制图形并编辑后，为其填充渐变色，以此来绘制一个放大镜，具体操作流程如图 6-1 所示。

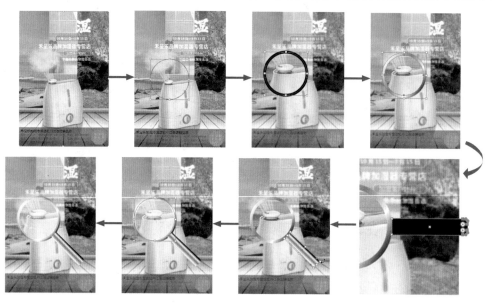

图 6-1   流程图

（实例要点） --

▶▶ 新建文档并置入素材　　　　　　　　▶▶ 编辑剪切蒙版内容

▶▶ 复制图像　　　　　　　　　　　　　▶▶ 绘制矩形并调整形状

▶▶ 使用"高斯模糊"滤镜　　　　　　　▶▶ 填充渐变色

▶▶ 绘制正圆　　　　　　　　　　　　　▶▶ 设置混合模式和不透明度

▶▶ 创建剪切蒙版

（操作步骤） --

步骤 01　执行菜单"文件/新建"命令或按 Ctrl+N 快捷键，打开"新建文档"对话框，所有参数都采用默认选项，单击"确定"按钮，新建一个空白文档。

步骤 02　执行菜单"文件/置入"命令，置入"素材\第 6 章\加湿器广告 .png"素材文件，调整大小和位置，如图 6-2 所示。

步骤 03 按 Ctrl+C 快捷键复制图像，再按 Ctrl+F 快捷键将副本粘贴到前面，使用 （选择工具）将其移动到一边。选择原图，执行菜单"效果 / 模糊 / 高斯模糊"命令，设置"半径"为 9.5 像素，如图 6-3 所示。

图 6-2 置入素材

图 6-3 高斯模糊

步骤 04 设置完毕单击"确定"按钮，效果如图 6-4 所示。

步骤 05 将副本移动到原图的上面，使用 （椭圆工具）绘制一个填充为"无"的正圆，效果如图 6-5 所示。

步骤 06 将正圆和副本一同选取，执行菜单"对象 / 剪切蒙版 / 创建"命令，创建一个正圆剪切蒙版效果，在"图层"面板中可以看到图层之间的剪切蒙版，如图 6-6 所示。

图 6-4 设置模糊后 图 6-5 绘制正圆

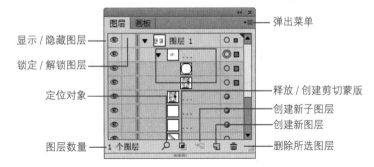
图 6-6 创建剪切蒙版

其中的各项参数含义如下。

● 显示 / 隐藏图层：单击此处的眼睛 👁 图标，可以将当前图层在显示与隐藏之间转换。

● 锁定 / 解锁图层：直接单击图层对应的锁头 🔒 图标，可以将对象进行锁定与解锁。

● 定位对象：在页面中选择对象后，单击此按钮会在"图层"面板中自动找到此对象对应的图层。

● 图层数量：显示当前图形的图层数量。

● 弹出菜单：单击此按钮，会弹出"图层"面板菜单。

● 释放 / 创建剪切蒙版：用来创建与释放图层的剪切蒙版。

● 创建新子图层：单击此按钮，可以为选择的图层创建一个子图层。

● 创建新图层：单击此按钮，可以新建一个图层。

● 删除所选图层：选择图层后，单击此按钮可以将选择的图层删除。

步骤07 执行菜单"对象/剪切蒙版/编辑内容"命令，会进入到内容编辑状态，拖动控制点将其调大，效果如图 6-7 所示。

> 技巧：在"图层"面板中直接选择图层，可以快速对该图层中的内容进行编辑。

步骤08 使用 ▣（椭圆工具）绘制一个填充为"无"、"描边"为 12pt 的正圆，如图 6-8 所示。

图 6-7　编辑内容　　　　图 6-8　绘制正圆

步骤09 执行菜单"对象/扩展"命令，将描边扩展成填充对象。在"渐变"面板中设置渐变"类型"为"线性"，角度为 -33.9°，渐变色从左到右依次为"灰、白、灰、白、黑"，效果如图 6-9 所示。

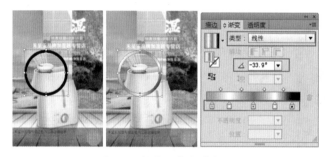

图 6-9　扩展后渐变填充

步骤10 使用 ▣（矩形工具）绘制一个黑色矩形，使用 ▣（直接选择工具）选择右侧的两个锚点，拖动圆角控制点，将其变为圆角效果，如图 6-10 所示。

步骤11 分别选择左侧的两个锚点，将其向下和向上拖动调整形状，再拖动左侧的直线将其调整成圆弧状，效果如图 6-11 所示。

图 6-10　绘制矩形并编辑　　　　图 6-11　编辑图形

步骤 ⑫ 选择调整后的图形,在"渐变"面板中设置渐变"类型"为"线性",角度为91.6°,渐变色从左到右依次为"灰、白、灰、白、黑",效果如图6-12所示。

步骤 ⑬ 调整图形的位置并进行旋转,效果如图6-13所示。

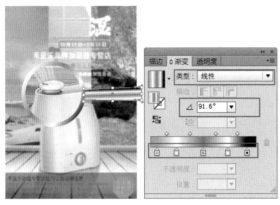

图 6-12 填充　　　　　　　　　图 6-13 变换图形

步骤 ⑭ 使用 ◎(椭圆工具)绘制一个黄色正圆,设置混合模式为"变亮"、"不透明度"为53%,效果如图6-14所示。

图 6-14 绘制正圆并设置混合模式

步骤 ⑮ 在正圆上使用 ◢(钢笔工具)和 ◎(椭圆工具)绘制图形和椭圆,如图6-15所示。

步骤 ⑯ 设置"不透明度"为39%,至此本例制作完毕,效果如图6-16所示。

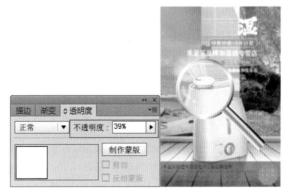

图 6-15 绘制图形　　　　　　　图 6-16 最终效果

实例 38　通过调整图层顺序制作卡通信纸

实例思路

　　对图层进行操作可以说是 Illustrator CC 管理对象的一项非常重要的内容。通过建立图层，然后在各个图层中分别编辑图形中的各个元素，可以产生既富有层次，又彼此关联的整体效果。本例先绘制不同图形、移入素材以及在"图层"面板中改变图层顺序，在为路径描边后应用剪切蒙版，具体操作流程如图 6-17 所示。

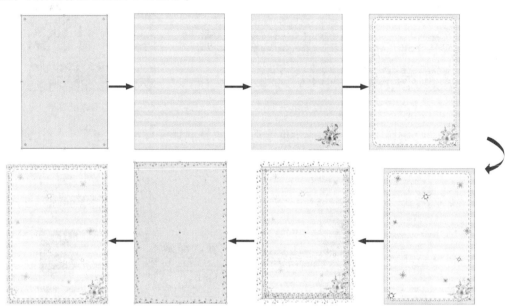

图 6-17　流程图

实例要点

▶ 新建文档

▶ 使用矩形工具绘制矩形

▶ 复制副本

▶ 使用圆角矩形工具绘制圆角矩形

▶ 设置描边

▶ 设置不透明度

▶ 在"图层"面板中调整顺序

▶ 创建剪切蒙版

操作步骤

步骤01 执行菜单"文件 / 新建"命令或按 Ctrl+N 快捷键，打开"新建文档"对话框，所有参数都采用默认选项，单击"确定"按钮，新建一个空白文档。

步骤02 使用▣（矩形工具）绘制一个矩形，将填充颜色设置为（C27，M0，Y4，K0）颜色、描边颜色设置为"黑色"，如图 6-18 所示。

步骤 03 在大矩形上绘制一个白色矩形，设置"不透明度"为 26%，效果如图 6-19 所示。

图 6-18　绘制矩形　图 6-19　绘制矩形并设置不透明度

步骤 04 按住 Alt 键的同时，向下拖曳白色矩形，复制一个副本，按 Ctrl+D 快捷键数次重复复制，直到复制到底部为止，如图 6-20 所示。

步骤 05 执行菜单"文件 / 打开"命令，打开"素材 \ 第 6 章 \ 花 .ai"素材文件，选择素材后按 Ctrl+C 快捷键复制，选择新建的文档，再按 Ctrl+V 快捷键将复制的内容粘贴到文档中，调整大小和位置，效果如图 6-21 所示。

图 6-20　复制矩形　　图 6-21　置入素材

步骤 06 在"图层"面板中选择"花"对应的图层，按住鼠标将其拖曳到底层，如图 6-22 所示。

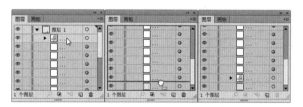

图 6-22　调整顺序

步骤 07 调整顺序后，效果如图 6-23 所示。

步骤 08 使用 🔲（圆角矩形工具）绘制一个白色圆角矩形，将"描边颜色"设置为"黑色"。执行菜单"窗口 / 描边"命令，打开"描边"面板，在其中设置"粗细"为 2pt、"虚线"为 6pt，效果如图 6-24 所示。

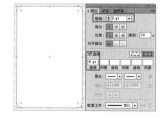

图 6-23　调整顺序后　　图 6-24　设置描边

步骤09 设置"不透明度"为 42%，效果如图 6-25 所示。

图 6-25　设置不透明度

步骤10 复制一个副本将其缩小后，设置填充颜色为"无"，在"描边"面板中设置"虚线"为 12pt，效果如图 6-26 所示。

步骤11 执行菜单"窗口/画笔库/装饰/装饰-散步"命令，打开"装饰-散步"面板，选择其中的"雪花"和"4 点星形"笔触，使用 ✎（画笔工具）在页面中绘制线条，效果如图 6-27 所示。

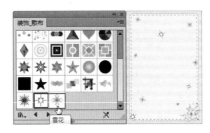

图 6-26　设置描边　　　　　　　　图 6-27　绘制线条

步骤12 将绘制的线条全部选取，设置"不透明度"为 23%，效果如图 6-28 所示。

步骤13 选择最后面的矩形，在"装饰-散步"面板中选择"点环"画笔，为矩形描边，效果如图 6-29 所示。

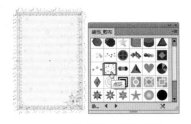

图 6-28　不透明度　　　　　　　　图 6-29　画笔描边

步骤14 使用 ▭（矩形工具）绘制一个矩形，如图 6-30 所示。

步骤15 将矩形和后面的矩形一同选取，执行菜单"对象/剪切蒙版/创建"命令，为选择的对象创建剪切蒙版，如图 6-31 所示。

图 6-30　绘制矩形　　　　　　　　图 6-31　剪切蒙版

步骤⑯ 在"图层"面板中将剪切蒙版图层拖曳到最底层，如图 6-32 所示。

步骤⑰ 至此本例制作完毕，效果如图 6-33 所示。

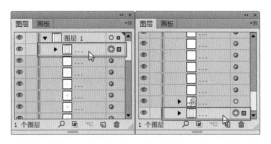 

图 6-32 改变图层顺序 　　　　图 6-33 最终效果

实例 39 通过渐变编辑蒙版制作水晶按钮

（实例思路）

在"透明度"面板中可以为选择的图形添加图层蒙版，制作完蒙版后，如果不满意蒙版效果，还可以在不释放的情况下，对蒙版图形进行编辑修改。本例在绘制图形填充渐变并设置不透明度后，将对象群组后添加图层蒙版，通过渐变对蒙版进行编辑以此来制作倒影，具体的操作流程如图 6-34 所示。

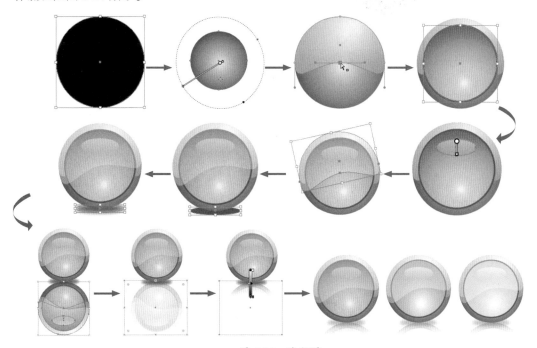

图 6-34 流程图

实例要点 -

▶▶ 新建文档　　　　　　　　　　　　　　▶▶ 设置不透明度

▶▶ 使用椭圆工具绘制正圆　　　　　　　　▶▶ 编组对象并镜像翻转

▶▶ 填充渐变色　　　　　　　　　　　　　▶▶ 制作图层蒙版

▶▶ 编辑图形形状　　　　　　　　　　　　▶▶ 通过渐变编辑蒙版

操作步骤 -

步骤 01 执行菜单"文件 / 新建"命令或按 Ctrl+N 快捷键，打开"新建文档"对话框，所有参数都采用默认选项，单击"确定"按钮，新建一个空白文档。

步骤 02 使用 ◉ （椭圆工具）按住 Shift 键绘制一个黑色正圆，如图 6-35 所示。

步骤 03 在"渐变"面板中设置渐变"类型"为"径向"，渐变颜色从左到右依次为"白色、黑色"，效果如图 6-36 所示。

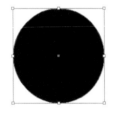

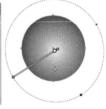

图 6-35　绘制正圆　　　　　　　　图 6-36　填充渐变色

步骤 04 复制一个正圆副本，使用 ◉ （渐变工具）编辑渐变色，效果如图 6-37 所示。

步骤 05 使用 ▶ （直接选择工具）拖动底部的锚点，调整正圆的形状，效果如图 6-38 所示。

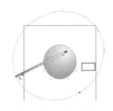
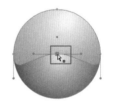

图 6-37　编辑渐变　　　　　　　　图 6-38　编辑形状

步骤 06 使用 ◉ （椭圆工具）绘制一个正圆，设置描边颜色为"黑色"、"描边"为 5pt，在"色板"面板中选择"橙色、黄色"，在"渐变"面板中设置渐变"类型"为"径向"，效果如图 6-39 所示。

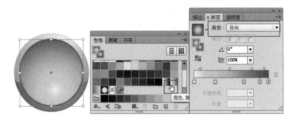

图 6-39　填充

步骤⑦ 使用 ◯（椭圆工具）绘制一个白色椭圆，在"渐变"面板设置渐变"类型"为"线性"，渐变颜色从左到右依次为"白色、白色"，设置右边白色色标的"不透明度"为 0，效果如图 6-40 所示。

步骤⑧ 选择调整形状的椭圆，复制一个副本，按 Shift+Ctrl+] 快捷键将其放置到最顶层，将其填充"白色"后，设置"不透明度"为 33%，效果如图 6-41 所示。

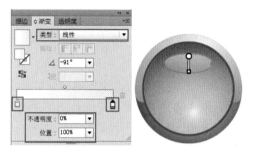

图 6-40　填充渐变

图 6-41　复制并设置不透明度

"透明度"面板中的各项参数含义如下。

● 混合模式：用来设置两个图形之间的混合效果。

● 原图：显示要蒙版的图形预览，单击该区域将选择原图形。

● 链接：按钮用来链接蒙版与原图形，以便在修改时同时修改。单击该按钮，可以取消链接。

● 蒙版：显示用来蒙版的蒙版图形，单击该区域可以选择蒙版图形；如果按住 Alt 键的同时单击该区域，将选择蒙版图形，并且只显示蒙版图形效果。选择蒙版图形后，可以利用相关的工具对蒙版图形进行编辑，比如放大、缩小和旋转等操作，也可以使用 ▶（直接选择工具）修改蒙版图形的路径。

● 制作蒙版：单击该按钮，建立透明蒙版，此时按钮会变成"释放"按钮。

● 释放：单击该按钮，释放不透明蒙版，原图以及渐变图形则会完整显示。此时按钮会变成"制作蒙版"按钮。

● 剪切：勾选该复选框，可以将蒙版以外的图形全部剪切掉；如果不勾选该复选框，蒙版以外的图形也将显示出来。

● 反相蒙版：勾选该复选框，可以将蒙版反向处理，即原来透明的区域变成不透明。

步骤⑨ 使用 ◯（椭圆工具）绘制一个灰色椭圆，按 Shift+Ctrl+[快捷键将其放置到最底层，效果如图 6-42 所示。

步骤⑩ 执行菜单"效果 / 模糊 / 高斯模糊"命令，打开"高斯模糊"对话框，设置"半径"为 29.6 像素，如图 6-43 所示。

图 6-42　绘制椭圆　　　　图 6-43　高斯模糊

步骤⑪ 设置完毕单击"确定"按钮，设置"不透明度"为 45%，效果如图 6-44 所示。

步骤⑫ 选择除了阴影以外的所有对象，按 Ctrl+G 快捷键将其编组，在工具箱中单击 ，在弹出的"镜像"对话框中选择"水平"单选按钮，之后单击"复制"按钮，复制一个副本，将副本向下移动，效果如图 6-45 所示。

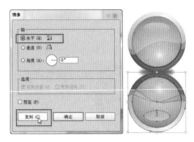

图 6-44　模糊后　　　　　　　　图 6-45　镜像复制

步骤⑬ 按 Shift+Ctrl+[快捷键将其放置到最底层，单击"透明度"面板中的"制作蒙版"按钮，为对象添加蒙版，效果如图 6-46 所示。

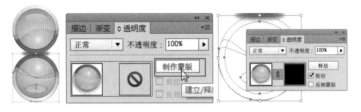

图 6-46　制作蒙版

步骤⑭ 选择蒙版缩略图，使用 绘制一个矩形，效果如图 6-47 所示。

步骤⑮ 在"渐变"面板中，设置渐变"类型"为"线性"、渐变颜色从左到右依次为"白色、黑色"，使用 编辑渐变的方向，效果如图 6-48 所示。

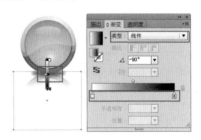

图 6-47　编辑蒙版　　　　　　　图 6-48　编辑渐变

步骤⑯ 复制两个副本，将中间的渐变色调整成其他的颜色，至此本例制作完毕，效果如图 6-49 所示。

图 6-49　最终效果

技巧：编辑蒙版后，如果想要绘制其他图形或编辑其他图形，必须要在"透明度"面板中选择"原图"缩略图。

实例 40　使用新建图层制作混合图像

实例思路

在"图层"面板中新建图层后，可以在此图层中创建子图层，在编辑内容时，只会对选择图层内的子图层内容进行编辑，其他图层中的内容不会受到影响。本例就是在不同的图层中编辑不同的内容，再为图层设置"混合模式"，具体操作流程如图 6-50 所示。

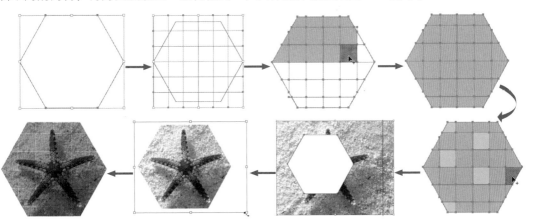

图 6-50　流程图

实例要点

▶ 新建文档
▶ 使用多边形工具绘制六边形
▶ 使用矩形网格工具绘制网格
▶ 使用形状生成器工具编辑图形

▶ 新建图层
▶ 创建剪切蒙版
▶ 设置混合模式

（操作步骤）--

步骤01 执行菜单中"文件 / 新建"命令或按 Ctrl+N 快捷键，打开"新建"文档对话框，所有
参数都采用默认选项，单击"确定"按钮，新建一个空白文档。

步骤02 使用◎（多边形工具）绘制一个六边形，如图 6-51 所示。

步骤03 按 Ctrl+C 快捷键复制图形，在"图层"面板中新建一个图层 2，按 Ctrl+V 快捷键将复
制的内容粘贴到图层中，效果如图 6-52 所示。

步骤04 选择图层 1，使用▦（矩形网格工具）绘制一个网格，如图 6-53 所示。

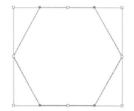

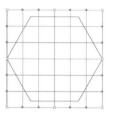

图 6-51　绘制六边形　　图 6-52　新建图层并复制图形　　图 6-53　绘制网格

> 提示：使用▦（矩形网格工具）绘制网格之前，可以单击▦（矩形网格工具）图标，
> 打开"矩形网格工具选项"对话框，在其中设置网格的大小与网格数量。

步骤05 框选网格与六边形，使用❧（路径生成器工具）按住 Alt 键在六边形以外的网格上单击，
将其删除，过程如图 6-54 所示。

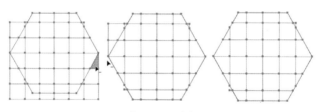

图 6-54　删除

步骤06 使用▶（选择工具）框选剩下的六边形与网格，使用❧（路径生成器工具）将填充色
设置为（C25，M25，Y40，K0）在网格中单击进行填色，效果如图 6-55 所示。

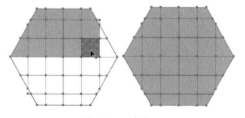

图 6-55　填色

> 技巧：使用❧（路径生成器工具）按住 Alt 键在矩形内单击，可以对其进行删除；按
> 住 Shift 键可以按创建的矩形框进行删除，如图 6-56 所示。

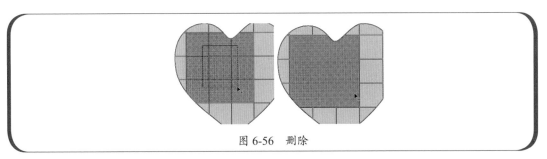

图 6-56　删除

步骤 07　将填充色设置为"绿色"，使用 🖱（路径生成器工具）在网格中个别矩形中单击，为其填充"绿色"，效果如图 6-57 所示。

步骤 08　框选对象，将描边颜色设置为"白色"，按 Ctrl+G 快捷键将其编组，效果如图 6-58 所示。

步骤 09　选择图层 2，将六边形与图层 1 中的对象对齐，如图 6-59 所示。

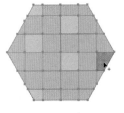
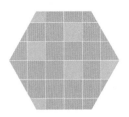
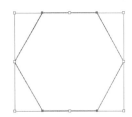

图 6-57　填充　　　　　图 6-58　设置描边　　　　　图 6-59　对齐

步骤 10　执行菜单"文件/置入"命令，置入"素材\第 6 章\海星 .jpg"素材文件，单击属性栏中"嵌入"按钮，将素材嵌入到文档中，如图 6-60 所示。

步骤 11　在"图层"面板中将素材放置到六边形的下方，效果如图 6-61 所示。

图 6-60　置入文件　　　　　　　　图 6-61　调整顺序

步骤 12　选择整个图层 2，在"图层"面板中单击 🗔（释放/创建剪切蒙版）按钮，创建剪切蒙版，效果如图 6-62 所示。

步骤 13　执行菜单"对象/剪切蒙版/编辑内容"命令，进入到编辑状态，移动海星到相应位置，如图 6-63 所示。

技巧： 在建立的剪切蒙版区域双击，即可进入到编辑状态，在空白处单击即可完成编辑。

步骤 14　完成编辑后，在空白处双击，进行正常状态，选择图层 2，在"透明度"面板中设置混合模式为"正片叠底"、"不透明度"为 100%，效果如图 6-64 所示。

步骤 15　至此本例制作完毕，效果如图 6-65 所示。

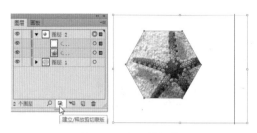

图 6-62　建立剪切蒙版

图 6-63　编辑图形

图 6-64　设置混合模式

图 6-65　最终效果

实例 41　使用编组图层内容为豁牙蛙制作背景

（实例思路）

在 "图层" 面板中选择子图层后，将其编组，可以更加方便地为图形创建剪切蒙版。本例就是先绘制渐变矩形，通过旋转变换复制副本后，再将副本选取并进行编组，绘制矩形后，用其与编组的图形创建剪切蒙版，具体操作流程如图 6-66 所示。

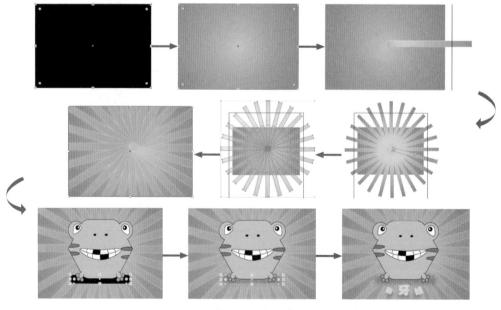

图 6-66　流程图

（**实例要点**）--

▶ 新建文档　　　　　　　　　　　▶ 创建剪切蒙版

▶ 使用矩形工具绘制矩形　　　　　▶ 在"图层"面板中新建图层

▶ 使用渐变功能为矩形填充渐变色　▶ 应用"高斯模糊"

▶ 使用旋转工具为对象进行旋转复制　▶ 输入文字并创建轮廓

（**操作步骤**）--

步骤01 执行菜单"文件/新建"命令或按 Ctrl+N 快捷键，打开"新建文档"对话框，所有参数都采用默认选项，单击"确定"按钮，新建一个空白文档。

步骤02 使用▣（矩形工具）绘制一个矩形，如图 6-67 所示。

步骤03 在"渐变"面板中，设置"类型"为"径向"，渐变色从左向右依次为（C50，M0，Y100，K0）、（C85，M10，Y100，K10），效果如图 6-68 所示。

图 6-67　绘制矩形

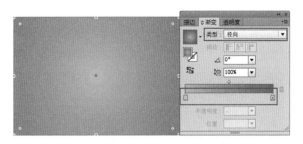

图 6-68　填充渐变色

步骤04 使用▣（矩形工具）绘制一个小矩形，在"渐变"面板中，设置"类型"为"径向"、"角度"为 -15°、渐变色从左向右依次为（C20，M0，Y100，K0）、（C85，M10，Y100，K10），将描边颜色设置为"黄色"，效果如图 6-69 所示。

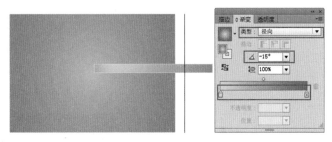

图 6-69　为矩形填充渐变色

步骤05 使用🔄（旋转工具）按住 Alt 键将旋转中心点移动到左侧，效果如图 6-70 所示。

步骤06 松开鼠标和 Alt 键，打开"旋转"对话框，设置"角度"为 15°，如图 6-71 所示。

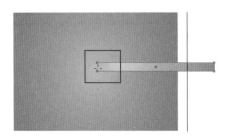

图 6-70　调整选择中心点　　　　　　图 6-71　"旋转"对话框

步骤⑦ 设置完毕单击"复制"按钮，复制一个副本，按 Ctrl+D 快捷键数次重复复制，直到复制旋转一周为止，如图 6-72 所示。

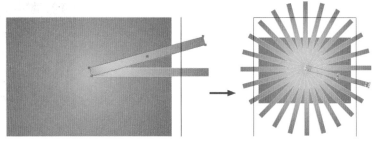

图 6-72　旋转复制

步骤⑧ 在"图层"面板中将小矩形对应的图层全部选取，按 Ctrl+G 快捷键将其进行编组，如图 6-73 所示。

图 6-73　编组

步骤⑨ 执行菜单"效果 / 风格化 / 外发光"命令，打开"外发光"对话框，其中的参数值设置如图 6-74 所示。

步骤⑩ 设置完毕单击"确定"按钮，效果如图 6-75 所示的效果。

图 6-74　外发光　　　　　　图 6-75　外发光

步骤⑪ 设置"不透明度"为 45%，效果如图 6-76 所示。

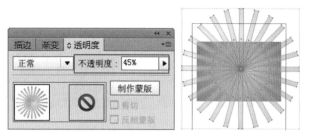

图 6-76 不透明度

步骤⑫ 使用▣（矩形工具）绘制一个矩形，将其与后面的编组对象一同选取，执行菜单"对象 / 剪切蒙版 / 创建"命令，为其创建剪切蒙版，效果如图 6-77 所示。

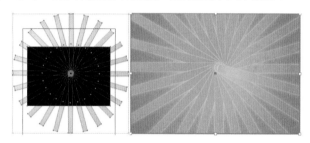

图 6-77 剪切蒙版

步骤⑬ 在"图层"面板中，新建一个图层，打开之前制作的"豁牙蛙"，将其复制到矩形上面，"图层"面板会自动素材放置到图层 2 中，效果如图 6-78 所示。

图 6-78 移入素材

步骤⑭ 新建一个图层 3，将其拖曳到图层 2 的下方，使用▣（圆角矩形工具）绘制一个黑色圆角矩形，如图 6-79 所示。

步骤⑮ 执行菜单"效果 / 模糊 / 高斯模糊"命令，打开"高斯模糊"对话框，其中的参数值设置如图 6-80 所示。

图 6-79 绘制圆角矩形　　图 6-80 "高斯模糊"对话框

步骤⑯ 设置完毕单击"确定"按钮，设置"不透明度"为30%，如图6-81所示。

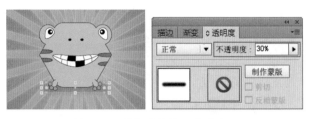

图6-81 模糊后设置不透明度

步骤⑰ 下面制作文字部分。新建图层4，使用▣（文字工具）输入文字"豁牙蛙"，如图6-82所示。

步骤⑱ 执行菜单"文字/创建轮廓"命令，将文字转换成图形，按Ctrl+Shift+G快捷键取消编组，如图6-83所示。

图6-82 输入文字

图6-83 创建轮廓并取消编组

步骤⑲ 使用▶（选择工具）分别选择文字图形，将其移动到背景上面，并对其进行旋转和缩放，效果如图6-84所示。

图6-84 缩放旋转

步骤⑳ 使用▶（选择工具）选择文字"豁牙蛙"的阴影，复制副本后将其缩小，效果如图6-85所示。

图6-85 复制

步骤㉑ 在每个文字下方都复制一个阴影，至此本例制作完毕，效果如图6-86所示。

图 6-86　最终效果

实例 42　剪切蒙版结合蒙版制作大嘴鸟图形

实例思路

　　剪切蒙版可以为图形按形状创建蒙版，蒙版可以通过设置渐变来渐隐图形。本例在拖出符号后，将其扩展并进行"联集"处理，选择两个图形后应用剪切蒙版，在"透明度"面板中制作蒙版后，通过"渐变"面板编辑蒙版，具体操作流程如图 6-87 所示。

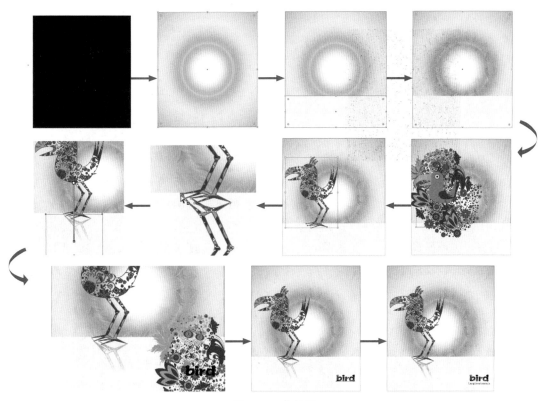

图 6-87　流程图

（**实例要点**）---

▶ 新建文件
▶ 绘制矩形并填充渐变色
▶ 绘制矩形并应用样式
▶ 设置混合模式为"颜色加深"
▶ 调整不透明度
▶ 移入素材

▶ 在"提基"符号面板中选择大嘴鸟符号
▶ 拖入大嘴鸟进行扩展
▶ 在路径查找器中应用"联集"
▶ 创建剪切蒙版
▶ 制作蒙版并结合"渐变"面板制作倒影

（**操作步骤**）---

步骤 01 执行菜单"文件 / 新建"命令或按 Ctrl+N 快捷键，打开"新建文档"对话框，所有参数都采用默认选项，单击"确定"按钮，新建一个空白文档。

步骤 02 使用 ▣（矩形工具）绘制一个矩形，设置填充颜色为"黑色"、描边颜色为"洋红"，如图 6-88 所示。

步骤 03 在"渐变"面板中，设置"类型"为"径向"，渐变颜色从左到右依次为"白色、洋红、灰色、黑色"，设置"洋红"色标的"不透明度"为 20%，效果如图 6-89 所示。

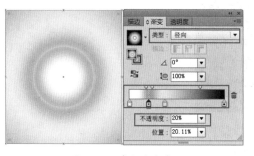

图 6-88　绘制矩形　　　　　　　　　　图 6-89　填充渐变色

步骤 04 使用 ▣（矩形工具）绘制一个浅灰色的矩形，效果如图 6-90 所示。

步骤 05 使用 ▣（矩形工具）绘制一个与背景图形大小一致的矩形，执行菜单"窗口 / 图形样式"命令，打开"图形样式"面板，在其中单击"植物 _GS"，为矩形填充"植物 _GS"图形样式，效果如图 6-91 所示。

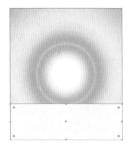

图 6-90　绘制矩形　　　　　　　　　　图 6-91　填充图形样式

步骤06 在"透明度"面板中，设置混合模式为"颜色加深"、"不透明度"为64%，效果如图6-92所示。

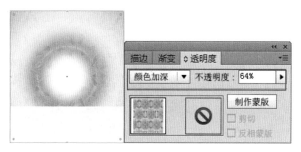

图 6-92　设置

步骤07 打开"花纹 .ai"素材文件，将其移动到渐变背景的上面，如图6-93所示。

步骤08 执行菜单"窗口 / 符号库 / 提基"命令，打开"提基"符号面板，拖曳其中的"鸟类"到页面中，如图6-94所示。

 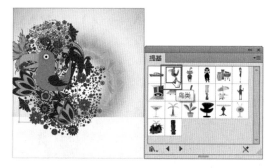

图 6-93　移入素材　　　　　　　　图 6-94　移入符号

步骤09 执行菜单"对象 / 扩展"命令，将符号扩展成图形。执行菜单"窗口 / 路径查找器"命令，打开"路径查找器"面板，单击▣（联集）按钮，效果如图6-95所示。

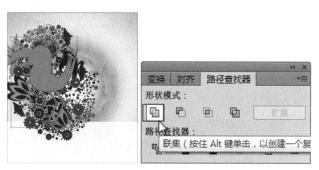

图 6-95　扩展并联集

步骤10 将花纹和鸟一同选取，执行菜单"对象 / 剪切蒙版 / 创建"命令，为图形和花纹建立剪切蒙版，如图6-96所示。

步骤11 在工具箱中双击🔲（镜像工具），打开"镜像"对话框，选择"水平"单选按钮，其他参数保持不变，单击"复制"按钮，复制一个镜像副本，向下移动位置，效果如图6-97所示。

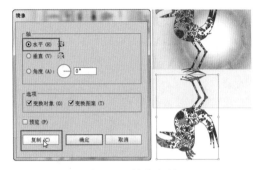

图 6-96　剪切蒙版　　　　　　　　　　图 6-97　镜像复制

步骤⑫ 使用 ▣（直接选择工具）选择锚点，改变形状，效果如图 6-98 所示。

图 6-98　调整锚点

步骤⑬ 在"透明度"面板中，单击"制作蒙版"按钮，选择蒙版缩略图，使用 ▣（矩形工具）绘制矩形，如图 6-99 所示。

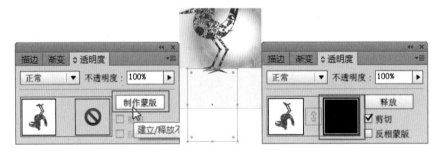

图 6-99　制作蒙版

步骤⑭ 在"渐变"面板中，设置"类型"为"线性"、角度为 89.6°，渐变色从左到右依次为"白色、黑色"，效果如图 6-100 所示。

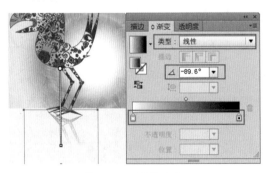

图 6-100　调整渐变

步骤⑮ 在"透明度"面板中选择原图缩览图，再次移入"花纹"素材，并在上面输入文字，效果如图 6-101 所示。

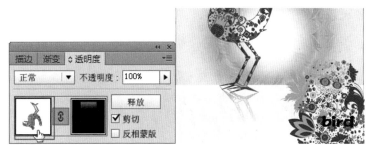

图 6-101　移入素材输入文字

步骤⑯ 将文字与花纹一同选取，执行菜单"对象 / 剪切蒙版 / 创建"命令，为文字和花纹建立剪切蒙版，效果如图 6-102 所示。

步骤⑰ 使用 T （文字工具）在页面中文字剪切蒙版的下面输入英文，至此本例制作完毕，效果如图 6-103 所示。

图 6-102　剪切蒙版　　　　　图 6-103　最终效果

本章练习与习题

练习

1. 选择图层。
2. 创建剪切蒙版。

习题

1. 在 Illustrator CC 中"_____"命令可以将选择的多个图层合并成一个图层。

2. 执行菜单中的"_____ / _____ / _____"命令，就可以为对象创建剪切蒙版。

第 7 章

符号、图表与样式的应用

本章主要对 Illustrator CC 中的符号、图表进行讲解和应用，并对图形样式进行介绍。通过对这些工具和功能的了解，可以在绘制图形时利用相关预设图形制作丰富的图形效果。

本章内容

▶▶ 通过调整符号制作广告播放界面　　▶▶ 使用自定义图案图表制作

▶▶ 使用扩展符号制作展翅绿耳猫　　　▶▶ 使用图形样式进行填充和描边

▶▶ 使用柱形图工具制作 3 天温度对比图　▶▶ 使用图形样式添加照片外框

实例 43　通过调整符号制作广告播放界面

（实例思路）

Illustrator CC 中的符号具有很大的方便性和灵活性，它不但可以快速创建很多相同的图形对象，还可以利用相关的符号工具对这些对象进行相应的编辑，比如移动、缩放、旋转、着色和使用样式等。本例先在图像上使用■（符号喷枪工具）喷涂符号，使用■（符号缩放器工具）和■（符号旋转器工具）对符号进行缩放和旋转，再通过剪切蒙版将图形剪切到矩形中，具体操作流程如图 7-1 所示。

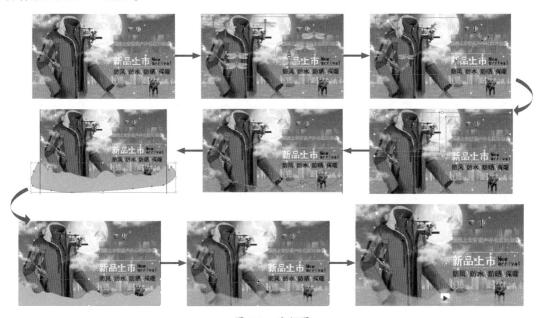

图 7-1　流程图

（实例要点）

- ▶ 新建文档并置入素材
- ▶ 选择符号
- ▶ 使用符号喷枪工具喷射符号
- ▶ 使用符号缩放器工具缩放符号
- ▶ 使用符号旋转器工具旋转符号

- ▶ 绘制铅笔线条
- ▶ 使用平滑工具编辑铅笔线条
- ▶ 创建剪切蒙版
- ▶ 设置不透明度

（操作步骤）

步骤 01 执行菜单"文件 / 新建"命令或按 Ctrl+N 快捷键，打开"新建文档"对话框，所有参数都采用默认选项，单击"确定"按钮，新建一个空白文档。

步骤02 执行菜单"文件/置入"命令，置入"素材\第7章\冲锋衣广告.jpg"素材文件，调整大小和位置，如图7-2所示。

步骤03 执行菜单"窗口/符号"命令，打开"符号"面板，如图7-3所示。

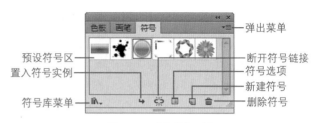

弹出菜单
预设符号区
置入符号实例
断开符号链接
符号选项
新建符号
符号库菜单
删除符号

图7-2　置入素材　　　　　　　　　　图7-3　"符号"面板

其中的各项参数含义如下。

- 预设符号区：显示"符号"面板中的符号。
- 置入符号实例：单击可以将选择的符号添加到文档中。
- 符号库菜单：单击会弹出下拉菜单，在其中可以选择更加细致的符号类型。
- 弹出菜单：单击此按钮，会弹出符号对应命令的菜单。
- 断开符号链接：单击可以将当前的符号断开链接，进行单独编辑。
- 符号选项：单击此按钮，打开"符号选项"对话框，在其中可以查看符号的一些信息。
- 新建符号：单击此按钮，可以将当前编辑的对象创建为符号。
- 删除符号：单击此按钮，可以将"符号"面板中选择的符号删除。

步骤04 单击"符号库菜单"按钮，在弹出的下拉菜单中选择"自然"，打开"自然"符号面板，在其中选择"蜻蜓"，如图7-4所示。

步骤05 在工具箱中双击（符号喷枪工具），打开"符号工具选项"对话框，这其中可以更加详细地设置符号工具，如图7-5所示。

图7-4　"自然"符号面板　　　　　　　图7-5　符号工具选项

其中的各项参数含义如下。

- 直径：设置符号工具的笔触大小。也可以在选择符号工具后，按]键增加笔触的大小，按[键减小笔触的大小。
- 方法：选择符号的编样方法。有3个选项供选择，即"平均""用户定义"和"随机"，一般用"用户定义"选项。

- 强度：设置符号变化的速度，值越大表示变化的速度越快。也可以在选择符号工具后，按 Shift +] 或 Shift + [快捷键增加或减少强度，每按一下，增加或减少 1 个强度单位。
- 符号组密度：设置符号的密集度，它会影响整个符号组。值越大，符号越密集。
- 工具区：显示当前使用的工具，当前工具处于按下状态。可以单击其他工具来切换不同工具并显示该工具的属性。
- 显示画笔大小和强度：勾选该复选框，在使用符号工具时，可以直观地看到符号工具的大小和强度。
- 紧缩：设置产生符号组的初始收缩方法。
- 大小：设置产生符号组的初始大小。
- 旋转：设置产生符号组的初始旋转方向。
- 滤色：设置产生符号组时使用 100% 的不透明度。
- 染色：设置产生符号组时使用当前的填充颜色。
- 样式：设置产生符号组时使用当前选定的样式。

步骤 06 使用 （符号喷枪工具）在素材上面按住鼠标拖动，将选择的"蜻蜓"符号喷射到素材上面，效果如图 7-6 所示。

图 7-6 喷射符号

> 技巧： （符号喷枪工具）的使用像生活中的喷枪一样，只是喷出的是一系列的符号对象，利用该工具在文档中单击或随意地拖动，可以将符号应用到文档中。

> 技巧：利用 （符号喷枪工具）可以在原符号组中添加其他不同类型的符号，以创建混合的符号组。方法是选择要添加其他符号的符号组，在"符号"面板中选择其他的符号，再使用符号喷枪工具在选择的原符号组中拖动，可以看到拖动时新符号的轮廓显示，达到满意的效果时释放鼠标，即可添加新符号到符号组中。

步骤 07 使用 （符号缩放器工具），在喷射的符号上面，按住鼠标的同时按住 Alt 键将其进行缩小，如图 7-7 所示。

步骤 08 使用 🔄（符号旋转器工具）在刚才缩放的符号上面，按住鼠标拖动，将符号进行旋转，效果如图 7-8 所示。

图 7-7　缩放符号　　　　　　　　　　　图 7-8　旋转符号

步骤 09 拖动符号组的外框将其缩小，在按住 Alt 键的同时移动符号组，复制一个副本，效果如图 7-9 所示。

图 7-9　复制符号

步骤 10 将两个符号组一同选取，在"透明度"面板中设置"不透明度"为 45%，效果如图 7-10 所示。

图 7-10　调整透明度

步骤 11 使用 ✏（铅笔工具）在素材下方绘制一个封闭图形，如图 7-11 所示。

步骤 12 使用 ✏（平滑工具）在绘制的铅笔线条上涂抹，将其进行平滑处理，效果如图 7-12 所示。

图 7-11　绘制铅笔线条　　　　　　　　　图 7-12　平滑编辑

步骤 13 将填充颜色设置为"绿色"、描边颜色设置为"无",效果如图 7-13 所示。

图 7-13　填充

步骤 14 使用 ▣（矩形工具）绘制一个黑色矩形,再将其与之前铅笔绘制的图形一同选取,效果如图 7-14 所示。

图 7-14　绘制矩形

步骤 15 执行菜单"对象 / 剪切蒙版 / 创建"命令,将选择的两个对象建立为剪切蒙版,效果如图 7-15 所示。

图 7-15　剪切蒙版

步骤 16 在"透明度"面板中,设置"不透明度"为 45%,效果如图 7-16 所示。

图 7-16　设置不透明度

步骤 17 复制一个副本，将其调矮一点，效果如图 7-17 所示。

图 7-17　复制并调整

步骤 18 执行菜单"窗口 / 符号库 /Web 按钮和条形"命令，打开"Web 按钮和条形"符号面板，选择其中的一个按钮，将其拖曳到页面中，效果如图 7-18 所示。

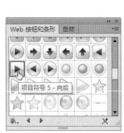

图 7-18　移入符号

步骤 19 执行菜单"效果 / 风格化 / 外发光"命令，打开"外发光"对话框，其中的参数值设置如图 7-19 所示。

步骤 20 设置完毕单击"确定"按钮，至此本例制作完毕，效果如图 7-20 所示。

图 7-19　"外发光"对话框　　　　图 7-20　最终效果

 实例 44　使用扩展符号制作展翅绿耳猫

（实例思路）- -

　　符号要想单独进行编辑，可以将其变为图形。本例移入素材后，在素材上面拖曳出符号，应用"扩展"命令将符号变为图形，填充渐变色后再为小猫局部进行复制并填充图案，然后再设置混合模式和不透明度，具体操作流程如图 7-21 所示。

图 7-21 流程图

⟮**实例要点**⟯ --------------------------------------

▶▶ 新建文档　　　　　　　　　　　　▶▶ 填充渐变色

▶▶ 复制素材并粘贴到新建文档中　　　　▶▶ 设置不透明度

▶▶ 打开"绚丽矢量包"符号面板　　　　▶▶ 设置混合模式

▶▶ 移入符号并应用"扩展"命令　　　　▶▶ 调整顺序

⟮**操作步骤**⟯ --------------------------------------

步骤 **01** 执行菜单"文件 / 新建"命令或按 Ctrl+N 快捷键，打开"新建文档"对话框，所有参
数都采用默认选项，单击"确定"按钮，新建一个空白文档。

步骤 **02** 执行菜单"文件 / 打开"命令或按 Ctrl+O 快捷键，打开"素材 \ 第
7 章 \ 小猫 .ai"素材文件，选择小猫，将其复制到新建文档中，如图 7-22
所示。

步骤 **03** 执行菜单"窗口 / 符号库 / 绚丽矢量
包"命令，打开"绚丽矢量
包"符号面板，选择其中的"绚丽矢量包 09"，将其拖曳到页面中，
调整大小和位置，效果如图 7-23 所示。

图 7-22 移入素材

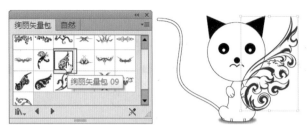

图 7-23　移入符号

> **技巧**：对于移入的符号，是不能够直接为其填充颜色的。如果想对其进行单独编辑的话，
> 可以通过"扩展"命令将其扩展成图形。

步骤04 执行菜单"对象 / 扩展"命令，打开"扩展"对话框，参数值保持默认即可，设置完毕
单击"确定"按钮，可以将其扩展成图形，如图 7-24 所示。

步骤05 在"渐变"面板中设置"类型"为"线性"，渐变颜色从左到右依次为"黑色、绿色"，
效果如图 7-25 所示。

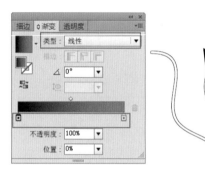

图 7-24　扩展后

图 7-25　填充渐变色

步骤06 选择翅膀后，按 Ctrl+Shift+[快捷键将其放置到最底层，如图 7-26 所示。

步骤07 双击工具箱中的 █ （镜像工具），在打开的"镜像"对话框中，选择"垂直"单选按钮，
单击"复制"按钮，将副本向左移动，效果如图 7-27 所示。

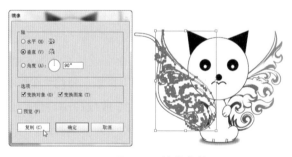

图 7-26　调整顺序

图 7-27　镜像复制

步骤08 选择小猫，按 Ctrl+Shift+G 快捷键将小猫取消编组。选择猫尾巴，按 Ctrl+Shift+[快捷
键将其放置到最底层，效果如图 7-28 所示。

步骤09 选择猫耳朵，在"渐变"面板中为其设置渐变色，效果如图 7-29 所示。

图 7-28　设置顺序

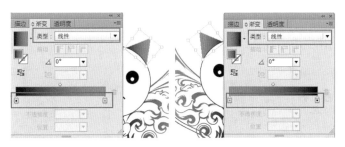

图 7-29　填充渐变

步骤⑩ 选择猫头，按 Ctrl+C 快捷键复制，再按 Ctrl+F 快捷键粘贴到前面，在"色板"面板中，选择"植物"，效果如图 7-30 所示。

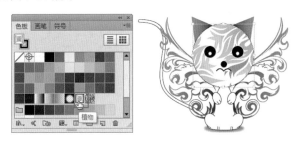

图 7-30　填充图案

步骤⑪ 在"透明度"面板中，设置混合模式为"正片叠底"、"不透明度"为 21%，效果如图 7-31 所示。

图 7-31　设置不透明度

步骤⑫ 选择身体部分，按 Ctrl+C 快捷键复制，再按 Ctrl+V 快捷键粘贴，在"色板"面板中选择"植物"，为其填充植物后，设置混合模式为"正片叠底"、"不透明度"为 30%，效果如图 7-32 所示。

步骤⑬ 将描边颜色设置为"无"，效果如图 7-33 所示。

图 7-32　填充

图 7-33　取消描边

步骤⑭ 选择猫尾巴，按Ctrl+C快捷键复制，再按Ctrl+F快捷键粘贴到前面，在"色板"面板中选择"植物"，为其填充植物后，设置混合模式为"正片叠底"、"不透明度"为36%，如图7-34所示。

步骤⑮ 至此本例制作完毕，效果如图7-35所示。

图 7-34　填充并设置不透明度

图 7-35　最终效果

实例45　使用柱形图工具制作3天温度对比图

实例思路

Illustrator CC 中的图表工具在大类型上被分为了9种，使用方法分为两种：一种是选择工具后单击，在弹出对话框中设置参数来创建；另一种是选择图表工具后，在页面中选择一点向对角拖曳来创建，如果要以从选择的点向外扩展的方式创建图表，只需要拖动的同时按住 Alt 键即可，按住 Shift 键可以将图标创建为正方形。本例使用 ▥（柱形图工具）创建图表并对图表中的颜色进行更改，具体的操作流程如图7-36所示。

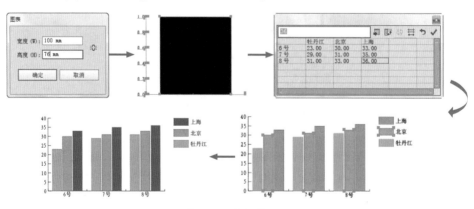

图 7-36　流程图

实例要点

▶▶新建文档　　　　　　　　　▶▶改变图表颜色

▶▶使用柱形图工具绘制图表

操作步骤

步骤01 执行菜单"文件 / 新建"命令或按 Ctrl+N 快捷键，打开"新建文档"对话框，所有参数都采用默认选项，单击"确定"按钮，新建一个空白文档。

图 7-37　图表

步骤02 在工具箱中选择 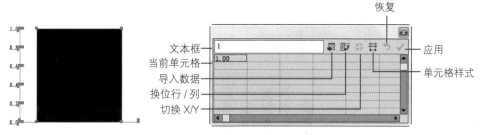（柱形图工具）后，将鼠标指针移到空白文档处，单击鼠标，系统会弹出"图表"对话框，设置"宽度"与"高度"，如图 7-37 所示。

步骤03 设置参数后，单击"确定"按钮，会出现一个图表雏形和一个图表数据输入框，如图 7-38 所示。

图 7-38　图表数据

其中的各项参数含义如下。

● 文本框：输入数据和显示数据。在向文本框输入文本时，该文本将被放入电子表当前选定的单元格中。还可以通过选择现在文本的单元格，利用该文本框修改原有的文本。

● 当前单元格：当前选定的单元格。选定的单元格周围将出现一个加粗的边框效果。当前单元格中的文本与"文本框"中的文本相对应。

● 导入数据：单击该按钮，将打开"导入图表数据"对话框，可以从其他位置导入表格数据。

● 换位行 / 列：用于转换横向和纵向的数据。

● 切换 x/y：用来切换 x 和 y 轴的位置，可以将 x 轴和 y 轴进行交换。只在散点图表时可以使用。

● 单元格样式：单击该按钮，将打开 "单元格样式"对话框，在"小数位数"文本框中输入数值，可以指定小数点位置；在"列宽度"文本框中输入数值，可以设置表格列宽度大小。

● 恢复：单击该按钮，可以将表格恢复到默认状态，以重新设置表格内容。

● 应用：单击该按钮，表示确定表格的数据，应用输入的数据生成图表。

步骤04 在图表数据输入框中，首先输入数据的类别和数据图例。数据类别将数据进行分类，显示在图表的横坐标上，在图表输入框的第一列输入。当一种数据类别包含多组数据时，可用数据图例来区分。比如想得到温度对比中牡丹江、北京、上海分别在 6 号、7 号和 8 号的纵向统计图表，那么，这 3 天的温度就是数据类别，而牡丹江、北京、上海三个地点就作为数据图例，输入数据后，如图 7-39 所示。

步骤05 设置完毕，单击✔（提交）按钮，效果如图 7-40 所示。

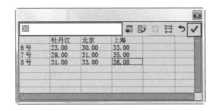

图 7-39　输入数据

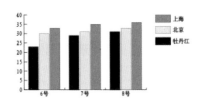

图 7-40　创建的柱形图表

技巧：如果在图表数据输入框中同时包含数据类别和数据图例，左上角的单元格一定要空着，不能填充任何数据，否则系统将无法识别。

步骤06 在工具箱中选择 ▶⁺（编组选择工具），将"牡丹江"对应的柱形区域全部选取，方法是使用 ▶⁺（编组选择工具）按住 Shift 键在对应的柱形上单击，如图 7-41 所示。

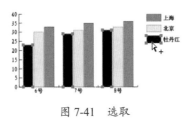

图 7-41　选取

步骤07 在"色板"面板中单击"青色"，此时会将选取的柱形都变为青色，效果如图 7-42 所示。

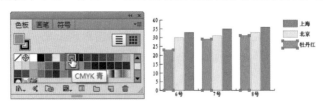

图 7-42　填充颜色

步骤08 使用同样的方法将另两个柱形改成橙色和洋红色，至此本例制作完毕，效果如图 7-43 所示。

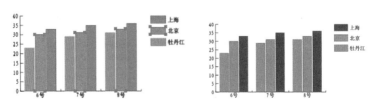

图 7-43　最终效果

> **技巧：** 图标中的文字、刻度、X/Y 轴同样可以使用 选取后来改色；文字部分可以直接使用 选取后来进行更改。

实例 46　使用自定义图案图表制作

（实例思路）

Illustrator CC 中对于图表中的图形，可以通过自定义的方式进行制作。本例就是在矩形上输入文字后定义为图表图案，置入素材并放置到最底层，具体操作流程如图 7-44 所示。

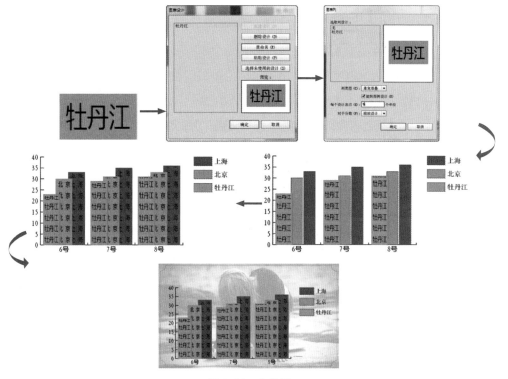

图 7-44　流程图

（实例要点）

- 新建文档
- 使用矩形工具绘制矩形
- 使用文字工具输入文字
- 将定义的图案应用在矩形柱上
- 置入素材
- 设置不透明度
- 为矩形和文字应用图表设计
- 定义图案
- 调整顺序

操作步骤

步骤01 执行菜单"文件/打开"命令或按 Ctrl+O 快捷键,打开上节制作的图表,使用 (矩形工具)绘制一个青色矩形,在上面使用 T(文字工具)输入文字"牡丹江",如图 7-45 所示。

步骤02 选择矩形和文字,执行菜单"对象/图表/设计"命令,打开"图表设计"对话框,单击"新建设计"按钮,如图 7-46 所示。

图 7-45 绘制矩形并输入文字　　　图 7-46 图表设计

步骤03 新建设计后,再单击"重命名"按钮为其重新命名,如图 7-47 所示。

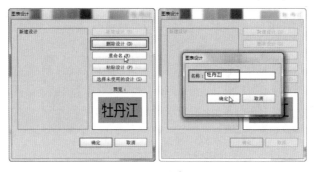

图 7-47 重命名

步骤04 单击"确定"按钮,完成重命名,如图 7-48 所示。

步骤05 设置完毕单击"确定"按钮,使用 (编组选择工具)选择图表中的青色柱,如图 7-49 所示。

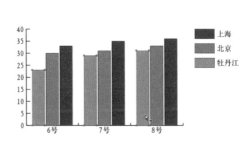

图 7-48 重命名后　　　　　　　图 7-49 选择

步骤06 执行菜单"对象/图表/柱形图"命令,在弹出的"图表列"对话框中设置参数,如图 7-50 所示。

步骤 07 设置完毕单击"确定"按钮，效果如图 7-51 所示。

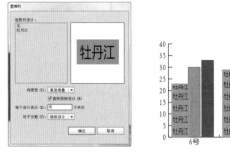

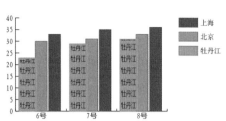

图 7-50 图表列　　　　　　　　图 7-51 应用自定义图案

步骤 08 使用同样的方法，为另两条柱形定义图案，如图 7-52 所示。

步骤 09 执行菜单"文件/置入"命令，置入"素材\第 7 章\书写.jpg"素材文件，单击属性栏中"嵌入"按钮，将素材嵌入到文档中，如图 7-53 所示。

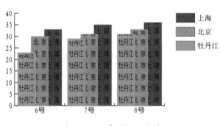

图 7-52 自定义图案　　　　　　　图 7-53 置入

步骤 10 在"透明度"面板中，设置"不透明度"为 35%，效果如图 7-54 所示。

图 7-54 设置不透明度

步骤 11 按 Ctrl+Shift+[快捷键将素材调整到最后层，使用 ▢（矩形工具）绘制一个洋红色的矩形框，至此本例制作完毕，效果如图 7-55 所示。

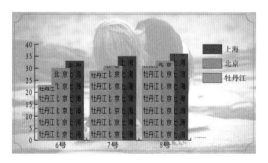

图 7-55 最终效果

实例 47　使用图形样式进行填充和描边

（实例思路） -

　　利用"图形样式"面板可以保存各种图形的样式外观属性，并且可以将其应用到其他对象、群组对象或图层上，这样的操作可以大大减少工作量。样式还有链接功能，如果样式发生了变化，应用该样式的对象外观也会发生变化。本例就是绘制矩形，选择"Vonster 图案样式"面板中的样式，为矩形填充样式效果，绘制正圆和直线后分别为其应用"霓虹效果"和"涂抹效果"，具体操作流程如图 7-56 所示。

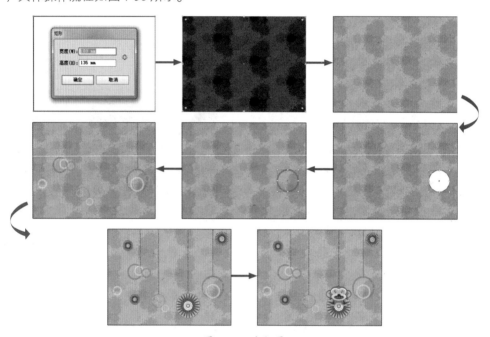

图 7-56　流程图

- -

（实例要点） -

▶▶ 新建文档　　　　　　　　　　　　　　▶▶ 打开"霓虹效果"面板应用样式

▶▶ 使用矩形工具绘制矩形　　　　　　　　▶▶ 打开"涂抹效果"面板应用样式

▶▶ 打开"图形样式"面板　　　　　　　　▶▶ 移入素材

▶▶ 打开"Vonster 图案样式"面板应用样式

- -

（操作步骤） -

步骤01 执行菜单"文件 / 新建"命令或按 Ctrl+N 快捷键，打开"新建文档"对话框，设置"宽度"为 180mm、"高度"为 135mm，设置完毕单击"确定"按钮，新建一个空白文档。

步骤 02 使用 ▣（矩形工具）在文档中绘制一个"长度"为 180mm、"宽度"为 135mm 的矩形，如图 7-57 所示。

步骤 03 执行菜单"窗口 / 图形样式"命令，打开"图形样式"面板，单击"图形样式库菜单"按钮，在弹出的菜单中选择"Vonster 图案样式"选项，如图 7-58 所示。

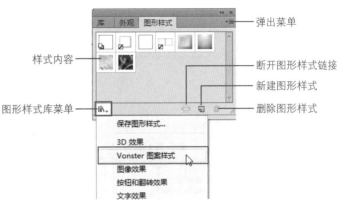

图 7-57　绘制矩形　　　　　　　　　　图 7-58　选择样式

其中的各项参数含义如下。

● 样式内容：在"图形样式"面板中显示当前的样式内容。

● 图形样式库菜单：单击，可以在下拉菜单中选择一种样式内容，此时会弹出一个新的"图形样式"面板。

● 弹出菜单：单击此按钮，会弹出此面板对应的菜单命令。

● 断开图形样式链接：对象、组或图层将保留原来的外观属性，且可以对其进行独立编辑。不过这些属性将不再与图形样式相关联。

● 新建图形样式：可以将当前编辑的内容，以新图形样式的方式出现在"图形样式"面板中。

● 删除图形样式：单击此按钮，可以将"图像样式"面板中的当前样式删除。

步骤 04 选择"Vonster 图案样式"选项后，弹出"Vonster 图案样式"面板，在其中单击"溅泼 3"图标，为矩形进行填充，效果如图 7-59 所示。

图 7-59　为矩形填充样式

步骤 05 使用 ▣（矩形工具）绘制一个与背景大小一致的白色矩形，在"透明度"面板中设置"不透明度"为 60%，效果如图 7-60 所示。

步骤 06 框选所有对象，设置描边颜色为"洋红色"，效果如图 7-61 所示。

步骤 07 执行菜单"对象 / 锁定 / 所选对象"命令，将背景锁定，在背景上使用 ▣（椭圆工具）绘制一个白色正圆，如图 7-62 所示。

步骤08 执行菜单"窗口/图形样式库/霓虹效果"命令，打开"霓虹效果"图形样式面板，在"洋红色霓虹"图标上单击，为绘制的正圆应用样式，效果如图 7-63 所示。

图 7-60　绘制矩形设置透明度

图 7-61　设置描边颜色

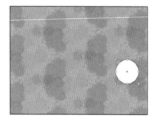

图 7-62　绘制正圆

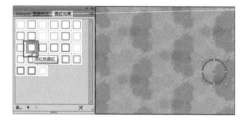

图 7-63　应用图形样式

步骤09 设置"不透明度"为 70%，效果如图 7-64 所示。

图 7-64　不透明度

步骤10 复制几个副本，移动位置和调整大小后，在"霓虹效果"图形样式面板中单击不同的样式图标，效果如图 7-65 所示的效果。

步骤11 使用 （直线段工具）在页面中绘制直线，如图 7-66 所示。

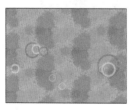

图 7-65　复制并移动

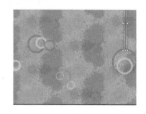

图 7-66　绘制直线

步骤⑫ 执行菜单"窗口 / 图形样式库 / 涂抹效果"命令，打开"涂抹效果"图形样式面板，在"涂抹 18"图标上单击，为绘制的直线应用样式，效果如图 7-67 所示。

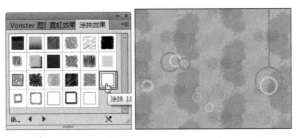

图 7-67　应用样式

步骤⑬ 再绘制几条直线，为其应用"涂抹 22"，效果如图 7-68 所示。

步骤⑭ 执行菜单"文件 / 打开"命令或按 Ctrl+O 快捷键，打开"素材 \ 第 7 章 \ 复杂花纹 .ai"素材文件，将其复制到新建文档中，调整大小和位置，效果如图 7-69 所示。

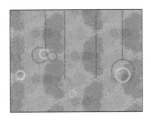
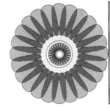
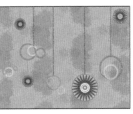

图 7-68　绘制直线应用样式　　　　　图 7-69　移入素材

步骤⑮ 执行菜单"文件 / 打开"命令或按 Ctrl+O 快捷键，打开"素材 \ 第 7 章 \ 方猴 .ai"素材文件，将其复制到新建文档中，调整大小和位置，效果如图 7-70 所示。

步骤⑯ 至此本例制作完毕，效果如图 7-71 所示。

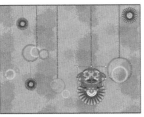
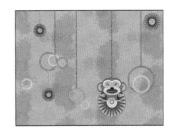

图 7-70　移入素材　　　　　　　图 7-71　最终效果

实例 48　使用图形样式添加照片外框

（实例思路）--

　　为图形应用图形样式后，还可以继续为其添加样式和其他的描边效果。本例绘制六边形后，为其应用"艺术效果"面板中的"喷漆"样式，再为其继续应用边框进行描边，置入素材后应用剪切蒙版，具体操作流程如图 7-72 所示。

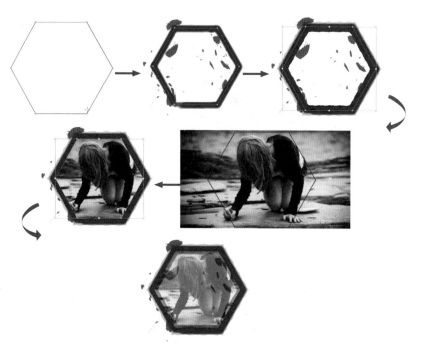

图 7-72　流程图

实例要点 --

▶▶ 新建文件　　　　　　　　　　　▶▶ 置入素材

▶▶ 绘制六边形　　　　　　　　　　▶▶ 应用剪切蒙版

▶▶ 为六边形应用"喷漆"样式　　　　▶▶ 设置不透明度

▶▶ 应用"松木色"边框描边

操作步骤 --

步骤01 执行菜单"文件 / 新建"命令或按 Ctrl+N 快捷键，打开"新建文档"对话框，所有的
参数都采用默认选项，单击"确定"按钮，新建一个空白文档。

步骤02 使用◙（多边形工具）绘制一个六边形，如图 7-73 所示。

步骤03 执行菜单"窗口 / 图形样式库 / 艺术效果"命令，打开"艺术效果"图形样式面板，在"喷
漆"图标上单击，为绘制的六边形应用样式，效果如图 7-74 所示。

图 7-73　绘制六边形

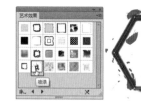

图 7-74　应用喷漆样式

步骤04 执行菜单"窗口 / 画笔库 / 边框 / 边框 - 框架"命令,打开"边框 - 框架"画笔面板,选择其中的"松木色"边框,效果如图 7-75 所示。

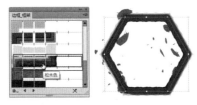

图 7-75　应用边框

步骤05 执行菜单"文件 / 置入"命令,置入"素材 \ 第 7 章 \ 书写 .jpg"素材文件,使用🔲(多边形工具)在素材上面绘制一个六边形,效果如图 7-76 所示。

步骤06 将素材和六边形一同选取,执行菜单"对象 / 剪切蒙版 / 创建"命令,为素材和六边形建立剪切蒙版,效果如图 7-77 所示。

图 7-76　置入素材绘制六边形　　图 7-77　剪切蒙版

步骤07 在"透明度"面板中,设置"不透明度"为 62%,如图 7-78 所示。

步骤08 至此本例制作完毕,效果如图 7-79 所示。

图 7-78　设置透明度　　图 7-79　最终效果

本章练习与习题

练习

创建各种图表。

习题

1. 在 Illustrator CC 中,如果在图表数据输入框中同时包含数据类别和数据图例,_____一定要空着,不能填充任何数据,否则系统将无法识别。

2. 利用🔲(符号喷枪工具)可以在原符号组中添加其他不同类型的符号,以创建混合的_____。

第 8 章

特殊效果的应用

Illustrator CC 不但可以绘制和编辑图形，还可以通过相应的命令制作出特殊的效果，比如混合效果、封套扭曲以及混合效果等。

本章内容

▶▶ 通过混合选项制作线条彩蝶　　　▶▶ 通过封套创建扭曲效果

▶▶ 使用混合工具创建混合效果　　　▶▶ 使用偏移路径制作描边字

▶▶ 使用反向堆叠制作立体效果　　　▶▶ 使用轮廓化描边结合 3D 绕转制作红花瓶

▶▶ 使用凸出和斜角效果制作齿轮　　▶▶ 使用混合工具为直线创建混合

实例 49　通过混合选项制作线条彩蝶

（实例思路）

　　混合后的图形，还可以通过"混合选项"对话框设置混合的间距和混合的取向。本例先绘制图形线条并进行编辑，再为线条创建混合，在"混合选项"对话框中为线条调整混合效果，具体操作流程如图 8-1 所示。

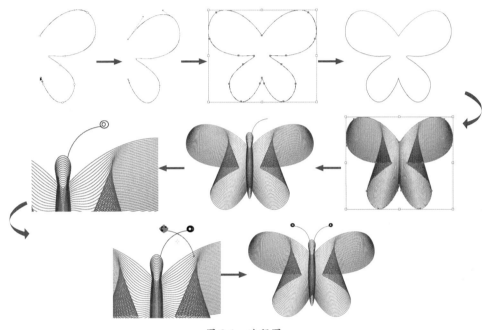

图 8-1　流程图

（实例要点）

- ▶ 新建文档
- ▶ 使用曲率工具绘制线条
- ▶ 对齐锚点
- ▶ 使用路径查找器创建联集
- ▶ 分割路径

- ▶ 创建混合
- ▶ 设置"混合选项"对话框
- ▶ 绘制曲线
- ▶ 镜像复制

（操作步骤）

步骤 01　执行菜单"文件 / 新建"命令或按 Ctrl+N 快捷键，打开"新建文档"对话框，所有参数都采用默认选项，单击"确定"按钮，新建一个空白文档。

步骤 02　使用 ▨（曲率工具）在页面中绘制线条，按 Esc 键完成非封闭线条的绘制，如图 8-2 所示。

步骤 03 使用 ▣ (直接选择工具)选择线条最左侧的两个锚点,如图 8-3 所示。

图 8-2　绘制线条　　　　　　　　图 8-3　选择锚点

步骤 04 执行菜单"窗口 / 对齐"命令,打开"对齐"面板,在其中单击"水平左对齐"按钮,将锚点进行对齐,效果如图 8-4 所示。

步骤 05 使用 ▣ (选择工具)选择绘制的线条,在工具箱中双击 ▣ (镜像工具),打开"镜像"对话框,选中"垂直"单选按钮,其他设置不变,单击"复制"按钮,复制一个副本,如图 8-5 所示。

图 8-4　对齐　　　　　　　　　　图 8-5　镜像复制

> 技巧: 选择锚点后应用"镜像"功能,可以将两个锚点进行镜像处理,而不是对整个图形或线条进行镜像处理。

步骤 06 将副本进行移动,将其与原图的两个锚点相交,如图 8-6 所示。

步骤 07 框选两个对象,执行菜单"窗口 / 路径查找器"命令,打开"路径查找器"面板,单击 ▣ (联集)按钮,将其合并为一个对象,如图 8-7 所示。

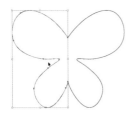

图 8-6　移动　　　　　　　　　　图 8-7　联集

步骤 08 创建"联集"后,使用 ▣ (直接选择工具)选择顶部的锚点,单击 ▣ (在所选锚点处剪切路径),将路径进行分割,效果如图 8-8 所示。

步骤 09 使用同样的方法将右上角的锚点进行分割,效果如图 8-9 所示。

图 8-8　分割　　　　　　　　图 8-9　分割

步骤⑩ 分别选择上下两条路径，将其描边颜色设置为"绿色"和"红色"，
效果如图 8-10 所示。

步骤⑪ 框选两条线条，执行菜单"对象 / 混合 / 建立"命令，为其创建混合
效果，如图 8-11 所示。

图 8-10　描边上色

步骤⑫ 此时发现混合效果并不是我们想要的。要想为其进一步调整，只要
为其进一步设置即可。执行菜单"对象 / 混合 / 混合选项"命令，打开"混合选项"对话框，
设置"间距"为"指定的距离"，在文本框中输入 1.41mm，"取向"选择"对齐页面"，如
图 8-12 所示。

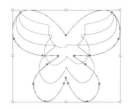

图 8-11　创建混合效果　　　　图 8-12　设置混合选项

其中的各项参数含义如下。

● 间距：用来设置混合过渡的方式。从下拉列表中可以选择不同的混合方式，包括"平
　滑颜色""指定的步数"和"指定的距离"3 个选项。

　　> 平滑颜色：可以对不同颜色填充的图形对象，自动计算一个合适的混合的步数，达
　　　到最佳的颜色过渡效果。如果对象包含相同的颜色
　　　或者包含渐变及图案，混合的步数根据两个对象的
　　　定界框的边之间的最长距离来设定。平滑颜色效果
　　　如图 8-13 所示。

图 8-13　平滑颜色

　　> 指定的步数：指定混合的步数。在右侧的文本框中输入一个数值，指定从混合的开
　　　始到结束的步数，即混合过渡中产生几个过渡图形，如图 8-14 所示。

　　> 指定的距离：指定混合图形之间的距离。在右侧的文本框中输入一个数值，指定混
　　　合图形之间的间距。这个指定的间距按照一个对象的某个点到另一个对象的相应点
　　　来计算，如图 8-15 所示。

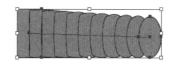

图 8-14　指定步数为 3　　　　图 8-15　设置距离为 10mm

● 取向: 用来控制混合图形的走向, 一般应用在非直线混合效果中, 包括"对齐页面"和"对齐路径"两个选项。

> 对齐页面: 指定混合过渡图形沿页面的 X 轴方向混合。"对齐页面"混合过渡效果如图 8-16 所示。

> 对齐路径: 指定混合过渡图形沿路径方向混合。"对齐路径"混合过渡效果如图 8-17 所示。

图 8-16　对齐页面　　　图 8-17　对齐路径

步骤13 设置完毕单击"确定"按钮, 效果如图 8-18 所示。

步骤14 使用◎(椭圆工具)绘制两个红色椭圆轮廓, 效果如图 8-19 所示。

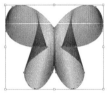

图 8-18　应用混合后　　　图 8-19　绘制椭圆

步骤15 框选两个椭圆, 在"路径查找器"面板, 单击◙(联集)按钮, 将其合并为一个对象, 效果如图 8-20 所示。

步骤16 复制一个副本, 将其缩小后, 将描边颜色设置为"绿色", 效果如图 8-21 所示。

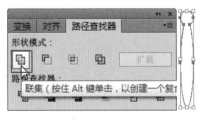 

图 8-20　联集　　　图 8-21　复制

步骤17 框选两个图形, 执行菜单"对象 / 混合 / 建立"命令, 为其创建混合效果, 执行菜单"对象 / 混合 / 混合选项"命令, 打开"混合选项"对话框, 设置"间距"为"指定的距离", 在文本框中输入 1.41mm, "取向"选择"对齐页面", 设置完毕单击"确定"按钮, 效果如图 8-22 所示。

图 8-22　创建混合

步骤18 将创建混合后的对象拖曳到合适的位置, 使用✍(钢笔工具)绘制一条红色曲线, 将其作为彩蝶的触须, 效果如图 8-23 所示。

步骤 19 使用 ▣（椭圆工具）绘制两个椭圆，如图 8-24 所示。

图 8-23　绘制曲线　　　　　图 8-24　绘制椭圆

步骤 20 将两个椭圆一同选取，执行菜单"对象 / 混合 / 建立"命令，为其创建混合效果。执行菜单中"对象 / 混合 / 混合选项"命令，打开"混合选项"对话框，设置"间距"为"指定的步数"，在文本框中输入 3，"取向"选择"对齐页面"，设置完毕单击"确定"按钮，将其作为眼睛，效果如图 8-25 所示。

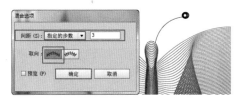

图 8-25　创建混合

> **技巧**：为混合效果应用"释放"命令，可以将创建的混合取消。"扩展"命令与"释放"命令不同，它不会将混合效果的中间过渡区域删除，而是将其都分解出来，通过"取消编组"命令，就可以单独将其移动出来。

步骤 21 将眼睛和触须一同选取，在工具箱中双击 ▣（镜像工具），打开"镜像"对话框，选择"垂直"单选按钮，其他设置不变，单击"复制"按钮，复制一个副本，效果如图 8-26 所示。

步骤 22 将副本向左移动，至此本例制作完毕，效果如图 8-27 所示。

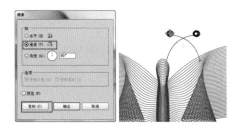

图 8-26　镜像复制　　　　　图 8-27　最终效果

实例 50　使用混合工具创建混合效果

（实例思路） ---

在工具箱中选择 ▣（混合工具）后，将鼠标指针移动到第一个图形对象上，这时鼠标指针

将变成 ⁺• 形状，单击鼠标，再移动光标到另一个图形对象上，再次单击鼠标，即可在这两个图形对象之间建立混合过渡效果。本例先绘制正圆，填充渐变色后，再使用 🖼 （混合工具）为渐变正圆创建混合，对混合对象单独调整，具体操作流程如图 8-28 所示。

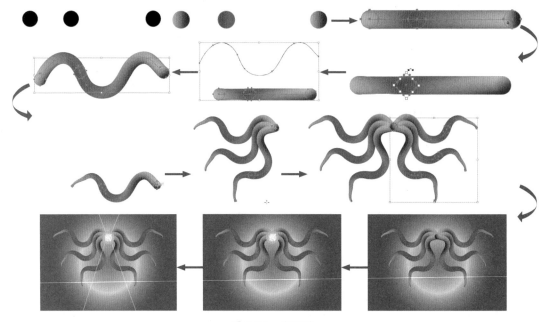

图 8-28　流程图

（实例要点）

▶ 新建文档　　　　　　　　　　　　　　▶ 替换混合轴

▶ 使用椭圆工具绘制正圆　　　　　　　　▶ 使用旋转工具旋转复制

▶ 为正圆填充渐变色　　　　　　　　　　▶ 使用矩形工具绘制矩形

▶ 使用混合工具创建混合　　　　　　　　▶ 输入文字

▶ 使用直接选择工具选择对象进行变换　　▶ 使用直线段工具绘制直线

（操作步骤）

步骤01 执行菜单"文件 / 新建"命令或按 Ctrl+N 快捷键，打开"新建文档"对话框，所有参数都采用默认选项，单击"确定"按钮，新建一个空白文档。

步骤02 使用 ⬭ （椭圆工具）在页面中绘制 3 个正圆，如图 8-29 所示。

图 8-29　绘制正圆

步骤03 执行菜单"窗口 / 色板库 / 渐变 / 色彩调和"命令，打开"色彩调和"面板，分别为正圆填充渐变色，效果如图 8-30 所示。

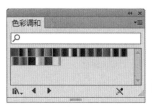

图 8-30　填充渐变

> **技巧**：选择图形，直接在"色彩调和"面板中单击色标，就可以为图形填充选择的颜色。

步骤 **04** 使用 （混合工具）在正圆上依次单击，为其创建混合效果，如图 8-31 所示。

图 8-31　创建混合

步骤 **05** 使用 （直接选择工具）选择右侧的正圆，使用 （选择工具）拖动控制点对其进行旋转，效果如图 8-32 所示。

图 8-32　调整

步骤 **06** 使用 （直接选择工具）选择中间的正圆，使用 （选择工具）拖动控制点对其进行旋转，效果如图 8-33 所示。

图 8-33　调整

步骤 **07** 使用 （铅笔工具）绘制线条，再使用 （平滑工具）对线条进行平滑处理，效果如图 8-34 所示。

图 8-34　绘制线条并平滑处理

步骤 **08** 框选混合对象和线条，执行菜单"对象 / 混合 / 替换混合轴"命令，效果如图 8-35 所示。

步骤 **09** 使用 （直接选择工具）选择左侧的正圆，使用 （选择工具）拖动控制点将其缩小，效果如图 8-36 所示。

步骤 **10** 选择混和对象，使用 （旋转工具）按住 Alt 键将旋转中心点移动到右侧，效果如图 8-37 所示。

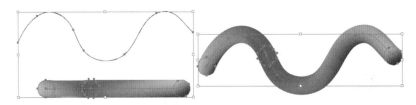

图 8-35 替换混合轴

图 8-36 调整

图 8-37 调整中心点

步骤⑪ 松开鼠标后，打开"旋转"对话框，设置"角度"为30°，单击"复制"按钮，复制一个对象，效果如图 8-38 所示。

步骤⑫ 按 Ctrl+D 快捷键，再复制一个副本，效果如图 8-39 所示。

图 8-38 旋转复制

图 8-39 复制

步骤⑬ 框选所有对象，在工具箱中双击 （镜像工具），打开"镜像"对话框，选择"垂直"单选按钮，其他设置不变，单击"复制"按钮，复制一个副本，效果如图 8-40 所示。

图 8-40 镜像复制

步骤⑭ 将副本向右移动，效果如图 8-41 所示。

步骤⑮ 使用 （矩形工具）绘制一个矩形，效果如图 8-42 所示。

图 8-41 移动

图 8-42 绘制矩形

步骤⑯ 执行菜单"窗口 / 色板库 / 渐变 / 玉石和珠宝"命令，打开"玉石和珠宝"面板，选择"蓝锆石"色标，效果如图 8-43 所示。

图 8-43　填充颜色

步骤⑰ 执行菜单"窗口 / 渐变"命令，打开"渐变"面板，设置"类型"为"径向"，效果如图 8-44 所示。

图 8-44　改变渐变色

步骤⑱ 按 Ctrl+Shift+[快捷键，将矩形放置到最后面，效果如图 8-45 所示。

步骤⑲ 使用  （椭圆工具）在图形上绘制一个正圆，在"玉石和珠宝"面板选择"海蓝宝石"色标，效果如图 8-46 所示。

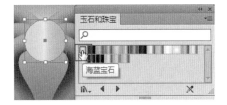

图 8-45　调整顺序　　　　图 8-46　绘制正圆并填充渐变

步骤⑳ 打开"渐变"面板，设置"类型"为"径向"，效果如图 8-47 所示。

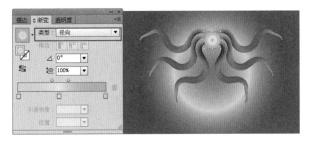

图 8-47　设置渐变

步骤㉑ 使用 T （文字工具）输入白色文字"触"，效果如图 8-48 所示。

步骤 22 使用 ✏ （直线段工具）绘制 4 条白色线条，至此本例制作完毕，效果如图 8-49 所示。

图 8-48 输入文字

图 8-49 最终效果

 实例 51 使用反向堆叠制作立体效果

（实例思路）--

"反向堆叠"命令可以改变混合对象的排列顺序，将从前到后的效果调整为从后到前的效果。本例先绘制矩形并填充渐变色来制作背光，再使用 ☆ （星形工具）绘制五角星，填充渐变色后调整形状，复制副本后创建混合效果，再通过"反向堆叠"命令改变混合效果，具体的操作流程如图 8-50 所示。

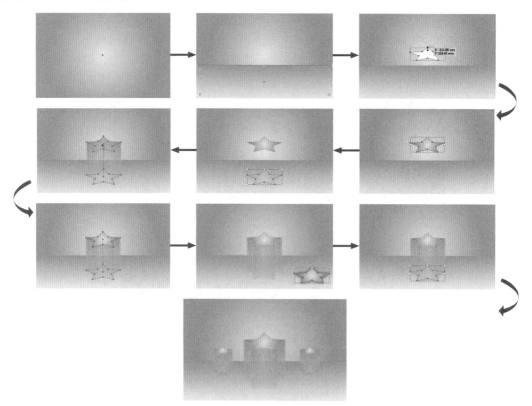
图 8-50 流程图

（实例要点）- -

▶ 新建文档　　　　　　　　　　　　　▶ 复制五角星并设置不透明度
▶ 使用矩形工具绘制矩形　　　　　　　▶ 使用混合工具创建混合
▶ 为矩形填充渐变色　　　　　　　　　▶ 应用"反向堆叠"命令
▶ 使用星形工具绘制五角星　　　　　　▶ 添加投影
▶ 为五角星填充渐变色

- -

（操作步骤）- -

步骤01 执行菜单"文件 / 新建"命令或按 Ctrl+N 快捷键，打开"新建"对话框，所有参数都采用默认选项，单击"确定"按钮，新建一个空白文档。

步骤02 使用▢（矩形工具）绘制一个矩形，执行菜单"窗口 / 渐变"命令，打开"渐变"面板，设置"类型"为"径向"，渐变颜色从左到右为"白色、灰色"，效果如图 8-51 所示。

图 8-51　为矩形填充渐变色

步骤03 再绘制一个小一点的矩形，在"渐变"面板，设置"类型"为"线性"渐变颜色从左到右为"白色、灰色"，角度为 90°，效果如图 8-52 所示。

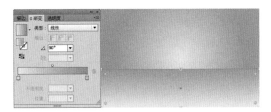

图 8-52　填充渐变

步骤04 使用▨（星形工具）绘制一个白色五角星，将描边颜色设置为"橘黄色"，如图 8-53 所示。

步骤05 使用▨（选择工具）拖动顶部的控制点，将其调矮，效果如图 8-54 所示。

图 8-53　绘制五角星　　　　　　　图 8-54　编辑

步骤06 在"渐变"面板，设置"类型"为"径向"，渐变颜色从左到右为"白色、洋红色"，效果如图 8-55 所示。

步骤 07 按住 Alt 键向下拖曳，复制一个副本，效果如图 8-56 所示。

图 8-55　填充渐变色　　　　　　　　　　　　图 8-56　复制

步骤 08 在"透明度"面板中，设置"不透明度"为 25%，效果如图 8-57 所示。

图 8-57　设置透明度

步骤 09 使用（混合工具）在两个五角星上单击，为其创建混合效果，执行菜单"对象 / 混合 / 反向堆叠"命令，改变混合顺序，效果如图 8-58 所示。

图 8-58　创建混合并改变顺序

步骤 10 使用（直接选择工具）选择混合对象上面的五角星，按 Ctrl+C 快捷键复制，按 Ctrl+V 快捷键粘贴，得到一个副本，效果如图 8-59 所示。

步骤 11 执行菜单"效果 / 风格化 / 投影"命令，打开"投影"对话框，其中的参数值设置如图 8-60 所示。

步骤 12 设置完毕单击"确定"按钮，效果如图 8-61 所示。

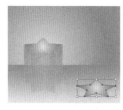

图 8-59　复制　　　　　　图 8-60　投影　　　　　　图 8-61　添加投影

步骤 13 移动添加投影的五角星到混合对象的底部，按 Ctrl+[快捷键向下调整一层，效果如图 8-62 所示。

步骤 14 在"透明度"面板中，设置"不透明度"为 20%，效果如图 8-63 所示。

步骤 15 将除背景以外的对象一同选取，复制两个副本，将其缩小并调整位置，至此本例制作完毕，效果如图 8-64 所示。

图 8-62　移动并调整顺序

图 8-63　调整不透明度

图 8-64　最终效果

实例 52　使用凸出和斜角效果制作齿轮

实例思路

　　Illustrator CC 中的"凸出和斜角"效果主要是通过增加二维图形的 Z 轴纵深来创建三维效果，也就是将二维平面图形以增加厚度的方式制作出三维图形效果。本例是在矩形上输入文字后定义为图表图案，置入素材并放置到最底层，具体操作流程如图 8-65 所示。

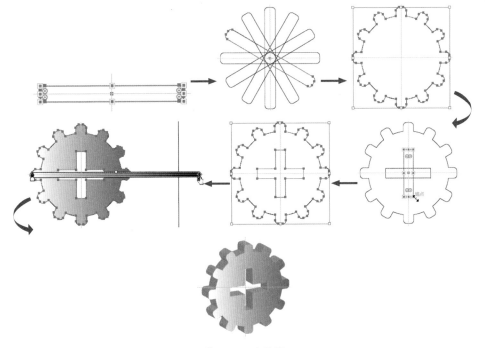

图 8-65　流程图

实例要点 --

▶ 新建文档 ▶ 使用矩形工具绘制矩形

▶ 使用圆角矩形工具绘制圆角矩形 ▶ 在路径查找器中应用"差集"

▶ 旋转复制 ▶ 应用 3D 凸出和斜角效果创建三维效果

▶ 在路径查找器中应用"联集"

操作步骤 --

步骤 ① 执行菜单"文件 / 新建"命令或按 Ctrl+N 快捷键，打开"新建文档"对话框，所有参
数都采用默认选项，单击"确定"按钮，新建一个空白文档。

步骤 ② 按 Ctrl+R 快捷键调出标尺，拖出水平和垂直的参考线，
使用 ▣（圆角矩形工具）绘制一个圆角矩形，如图 8-66 所示。

图 8-66 拖出辅助线并绘制圆角矩形

步骤 ③ 在 ▣（旋转工具）上双击，打开"旋转"对话框，设
置"角度"为 30°，单击"复制"按钮，旋转复制一个副本，如图 8-67 所示。

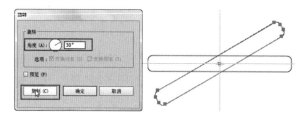

图 8-67 复制

步骤 ④ 按 Ctrl+D 快捷键数次，直到旋转一周为止，效果如图 8-68 所示。

步骤 ⑤ 使用 ▣（椭圆工具）在辅助线相交的位置，按住 Alt+Shift 组合键，绘制一个正圆，效
果如图 8-69 所示。

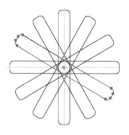
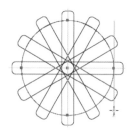

图 8-68 旋转复制 　　　 图 8-69 绘制正圆

步骤 ⑥ 使用 ▣（选择工具）框选所有对象，执行菜单"窗口 / 路径查找器"命令，打开"路径
查找器"面板，单击 ▣（联集）按钮，将其合并为一个对象，效果如图 8-70 所示。

步骤 ⑦ 使用 ▣（矩形工具）在中间绘制两个矩形，将其摆成一个十字，效果如图 8-71 所示。

步骤 ⑧ 将两个矩形一同选取，在"路径查找器"面板，单击 ▣（联集）按钮，将其合并为一个
对象，效果如图 8-72 所示。

步骤⑨ 将两个合并对象一同选取，在"路径查找器"面板，单击回（差集）按钮，将其减去中间的区域，效果如图 8-73 所示。

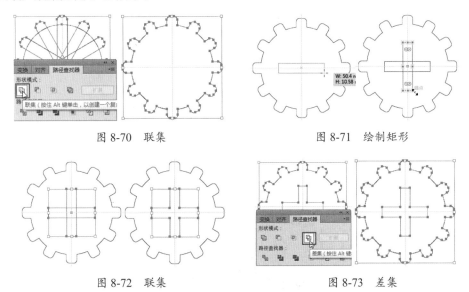

图 8-70 联集　　　　　　　　　　　图 8-71 绘制矩形

图 8-72 联集　　　　　　　　　　　图 8-73 差集

步骤⑩ 在"色板"面板中，单击"白色、黑色"色标，使用▥（渐变工具）编辑渐变色，效果如图 8-74 所示。

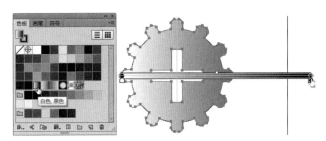

图 8-74 填充渐变色

步骤⑪ 将描边颜色设置为"无"，执行菜单"效果 /3D/ 凸出和斜角"命令，打开"3D 凸出和斜角选项"对话框，其中的参数值设置如图 8-75 所示。

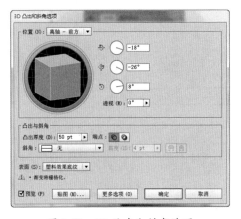

图 8-75 3D 凸出和斜角选项

其中的各项参数的具体说明如下。

● 位置：用来控制三维图形的不同视图位置，可以使用默认的预设位置，也可以通过调整参数值来更改。位置区域的参数如图 8-76 所示。从该下拉列表中，可以选择一些预设的位置，共包括16默认位置显示，效果如图 8-77 所示。如果不想使用默认的位置，还可以通过"自定旋转"来调整位置，方法是移动鼠标指针到调整区上，按住鼠标调整此区域的立方体即可，如图 8-78 所示。

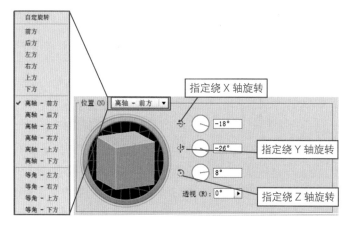

图 8-76　位置区域

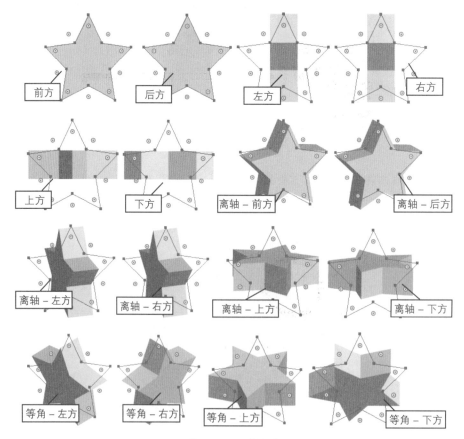

图 8-77　预设位置

> 指定绕 X 轴旋转：在右侧的文本框中，指定三维图
> 形沿 X 轴旋转的角度。

> 指定绕 Y 轴旋转：在右侧的文本框中，指定三维图
> 形沿 Y 轴旋转的角度。

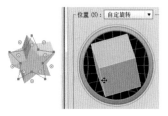

> 指定绕 Z 轴旋转：在右侧的文本框中，指定三维图
> 形沿 Z 轴旋转的角度。

图 8-78 手动调整

> 透视：指定视图的方位，可以从右侧的下拉列表中选择一个视图角度；也可以直接
> 输入一个角度值。

● 凸出与斜角：主要用来设置三维图形的凸出厚度、端点、斜角和高度等，制作出不同厚
度的三维图形或带有不同斜角效果的三维图形效果。"凸出与斜角"参数区如图 8-79 所示。

图 8-79 凸出与斜角

> 凸出厚度：用来控制三维图形的厚度，取值范围为 0~2000pt。

> 开启端点以建立实心外观：用来控制三维图形为实心效果。

> 关闭端点以建立空心外观：用来控制三维图形为空心效果。

> 斜角：可以为三维图形添加斜角效果。在右侧的下拉列表中，提供了 11 种斜角，可
> 以通过"高度"数值来控制抖角的高度，还可以通过"斜角外扩"按钮将斜角添加
> 到原始对象；或通过"斜角内缩"按钮从原始对象减去斜角。

● 表面：在"3D 凸出和斜角选项"对话框中单击"更多选项"按钮，将展开"表面"选项组，
此区域不但可以应用预设的表面效果，还可以根据自己的需要重新调整三维图形显示
效果，如光源强度、环境光、高光强度和底纹颜色等，如图 8-80 所示。在右侧的下拉
列表中，系统提供了"线框""无底纹""扩散底纹"和"塑料效果底纹"等预设效果。"线
框"表示将图形以线框的形式显示；"无底纹"表示三维图形没有明暗变化，整体图
形颜色灰度一致，看上去图是平面效果；"扩散底纹"表示三维图形有柔和的明暗变化，
但并不强烈，可以看出三维图形效果；"塑料效果底纹"表示为三维图形增加强烈的
光线明暗变化，让三维图形显示一种类似塑料的效果。

图 8-80 表面

> 光源控制区：该区域主要用来手动控制光源的位置，添加或删除光源等操作，使用

鼠标拖动光源，可以修改光源的位置。单击 （将所选光源移动到对象后面）按钮，可以将所选光源移动到对象后面；单击 （新建光源）按钮，可以创建一个新的光源；选择一个光源后，单击 （删除光源）按钮，可以将选取的光源删除。

> 光源强度：控制光源的亮度。值越大，光源的亮度也就越大。

> 环境光：控制周围环境光线的亮度。值越大，周围的光线越亮。

> 高光强度：控制对象高光位置的亮度。值越大，高光越亮。

> 高光大小：控制对象高光点的大小。值越大，高光点就越大。

> 混合步骤：控制对象表面颜色的混合步数。值越大，表面颜色越平滑。

> 底纹颜色：控制对象背景的颜色，一般常用黑色。

> 保留专色 / 绘制隐藏表面：勾选这两个复选框，可以保留专色和绘制隐藏的表面。

● 贴图：就是为三维图形的面贴上一个图片，以制作出更加理想的三维图形效果。这里的贴图使用的是符号，所以要使用贴图命令，首先要根据三维图形的面设计好不同的贴图符号，以便使用。在"3D 凸出和斜角选项"对话框，单击"贴图"按钮，会打开"贴图"对话框，利用该对话框可对三维图形进行贴图设置，如图 8-81 所示。

图 8-81　贴图

> 符号：从右侧的下拉菜单中，可以选择一个符号，作为三维图形当前选择面的贴图。该区域的选项与"符号"面板中的符号相对应，所以，如果要使用贴图之前，首先要确定"符号"面板中是否有需要的符号。

> 表面：指定当前选择面以进行贴图。在该项的右侧文本框中，显示当前选择的面和三维对象的面数。比如显示 1/13，表示当前三维对象的总面为 13 个面，当前选择的面为第 1 个面。如果想选择其他的面，可以单击后面的切换按钮来切换，在切换时，如果勾选了"预览"复选框，可以在当前文档中的三维图形中，看到选择的面，该选择面将以红色的边框突出显示。

> 贴图预览区：用来预览贴图和选择面的效果，可以像变换图形一样，在该区域对贴图进行缩放和旋转等操作，以制作出更加适合选择面的贴图效果。

> 缩放以适合：单击该按钮，可以强制贴图大小与当前选择面的大小相同。也可以直接按 F 键。

> 清除：单击此按钮，可以将当前面的贴图效果删除，也可以按 C 键。

> 全部清除：单击此按钮，可以将当设置贴图面的效果全部删除，也可以按 A 键。

> 贴图具有明暗调（较慢）：勾选该复选框，贴图会根据当前三维图形的明暗效果自动融合，制作出更加真实的贴图效果。不过应用该项会增加文件的大小。也可以按 H 键应用或取消贴图具有的明暗调。

> 三维模型不可见：勾选该复选框，在文档中的三维模型将隐藏，只显示选择面的红色边框效果。这样可以加快计算机的显示速度，但会影响查看整个图形的效果。

步骤⑫ 设置完毕单击"确定"按钮，至此本例制作完毕，效果如图8-82所示。

图 8-82 最终效果

实例53 通过封套创建扭曲效果

（实例思路） -------------------------------------

使用封套来改变选定对象的形状时，可以通过变形、网格、顶层图形 3 种方法来实现。本例就是在矩形上填充图案，移入素材并输入文字后，通过"用变形建立"命令创建扭曲变形效果，具体操作流程如图 8-83 所示。

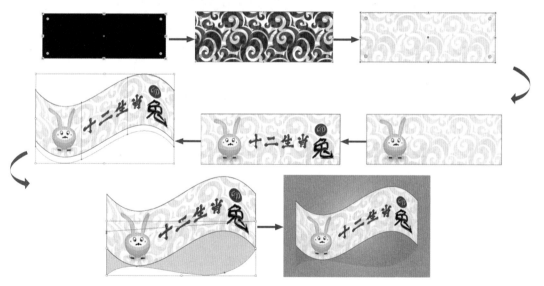

图 8-83 流程图

（实例要点） -------------------------------------

▶ 新建文档
▶ 使用矩形工具绘制矩形
▶ 为矩形填充"高卷式发型"
▶ 设置不透明度

▶ 移入素材并输入文字
▶ 应用"用变形建立"命令创建旗形
▶ 填充"从蓝至绿径向"
▶ 调整顺序

（操作步骤）--

步骤01 执行菜单"文件 / 新建"命令或按 Ctrl+N 快捷键，打开"新建文档"对话框，设置"宽度"为 180mm、"高度"为 135mm，单击"确定"按钮，新建一个空白文档。

步骤02 使用 ▣（矩形工具）在文档中绘制一个矩形，如图 8-84 所示。

图 8-84　绘制矩形

步骤03 执行菜单"窗口 / 色板"命令，打开"色板"面板，选择"高卷式发型"，为矩形填充图案，如图 8-85 所示。

图 8-85　填充

步骤04 按 Ctrl+C 快捷键复制矩形，再按 Ctrl+F 快捷键粘贴到前面。将副本填充"白色"，执行菜单"窗口 / 透明度"命令，设置"不透明度"为 87%，效果如图 8-86 所示。

图 8-86　设置不透明度

步骤05 执行菜单"文件 / 打开"命令或按 Ctrl+O 快捷键，打开"素材 \ 第 8 章 \ 兔子 .ai"文件，将其复制到新建文档中，调整大小和位置，效果如图 8-87 所示。

步骤06 使用 T（文字工具）输入文字，再使用 ▣（椭圆工具）在"卯"字后面绘制一个红色正圆，效果如图 8-88 所示。

图 8-87　移入素材

图 8-88　输入文字

步骤07 框选所有对象，执行菜单"对象 / 封套扭曲 / 封套选项"命令，打开"封套选项"对话框，设置各项内容，如图 8-89 所示。

其中各项参数的具体说明如下。

● 消除锯齿：可以在使用封套变形的时候防止锯齿的产生，保持图形的清晰度。

● 剪切蒙版 / 透明度：在编辑非直角封套时，用户可选择这两种方式保护图形。

● 保真度：可以设置对象适合封套的逼真度，用户可直接在文本框中输入所需要的参数值，或拖动下面的滑块进行调节。

● 扭曲外观：选中该选项后，另外的两个复选框被激活。它可使具有外观属性，如应用了特殊效果对象的效果也随之发生扭曲。

● 扭曲线性渐变填充 / 扭曲图案填充：分别用来扭曲对象的直线渐变填充和图案填充。

步骤 08 设置完毕单击"确定"按钮，执行菜单"对象 / 封套扭曲 / 用变形建立"命令，打开"变形选项"对话框，在"样式"下拉列表中选择"旗形"，选择"水平"单选按钮，设置"弯曲"为 50%，其他参数保持不变，如图 8-90 所示。

图 8-89　封套选项　　　　　　　图 8-90　变形选项

其中各项参数的具体说明如下。

● 样式：用于选择封套的类型，在下拉列表框中提供了 15 种封套类型，用户可根据需要从中选择。

● 水平 / 垂直：用于设置指定封套类型的放置位置。

● 弯曲：设置对象弯曲的程度。

● 水平 / 垂直：可以设置应用封套类型在水平和垂直方向上的比例。

步骤 09 设置完毕单击"确定"按钮，效果如图 8-91 所示。

步骤 10 使用 （钢笔工具）绘制一个黑色封闭图形，效果如图 8-92 所示。

图 8-91　变形　　　　　　　　　图 8-92　绘制图形

步骤 11 在"透明度"面板中，设置"不透明度"为 18%，按 Ctrl+Shift+[快捷键将其调整到最底层，效果如图 8-93 所示。

图 8-93　设置透明度并调整顺序

步骤⑫ 使用▢（矩形工具）绘制一个矩形，执行菜单"窗口 / 色板库 / 渐变 / 简单径向"命令，打开"简单径向"面板，选择"由蓝至绿径向"，效果如图 8-94 所示。

步骤⑬ 按 Ctrl+Shift+[快捷键将其调整到最底层作为背景，至此本例制作完毕，效果如图 8-95 所示。

图 8-94　填充渐变

图 8-95　最终效果

实例 54　使用偏移路径制作描边字

实例思路

　　路径偏移是将选择对象的描边依据设置的距离，偏移并复制出一个偏移后的对象。本例在输入文字创建轮廓后，应用"偏移路径"命令将文字向外扩展并进行填充，具体操作流程如图 8-96 所示。

描边字 → 描边字 → 描边字 → 描边字
描边字 ← 描边字 ← 描边字

图 8-96　流程图

实例要点

▶ 新建文件
▶ 使用文字工具输入文字
▶ 应用"创建轮廓"命令
▶ 应用"偏移路径"命令
▶ 在"色板"中填充"植物"图案
▶ 再次应用"偏移路径"命令
▶ 取消编组并为文字设置颜色和描边

（操作步骤）---

步骤①① 执行菜单"文件 / 新建"命令或按 Ctrl+N 快捷键，打开"新建文档"对话框，所有参数都采用默认选项，单击"确定"按钮，新建一个空白文档。

步骤②② 使用 T （文字工具）在文档中输入文字，字体可以按照自己喜欢进行设置，如图 8-97所示。

步骤③③ 执行菜单"文字 / 创建轮廓"命令，将文字转换为图形，效果如图 8-98 所示。

图 8-97　输入文字

图 8-98　创建轮廓

步骤④④ 执行菜单"对象 / 路径 / 偏移路径"命令，打开"偏移路径"对话框，其中的参数值设置如图 8-99 所示。

　　其中的各项参数含义如下。

● 位移：用来设置偏移路径的距离，正值时为扩大，负值时为缩小。

● 连接：用来设置偏移路径的四个角的连接样式，包括"斜接""圆角""斜角"。

● 斜接限制：用来设置在任何情况下由斜接连接切换成斜角连接。默认值为 4，表示当连接点的长度达到描边粗细的 4 倍时，系统会将其从斜接连接切换成斜角连接。如果"斜接限制"为 1，则直接生成斜角连接。数值范围 1~500 之间。

步骤⑤⑤ 设置完毕单击"确定"按钮，效果如图 8-100 所示。

图 8-99　偏移路径

图 8-100　路径偏移后

步骤⑥⑥ 在"色板"面板中，选择"植物"图案，效果如图 8-101 所示。

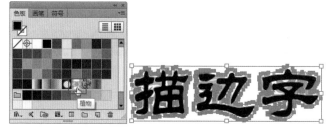

图 8-101　填充图案

步骤⑦⑦ 执行菜单"对象 / 路径 / 偏移路径"命令，打开"偏移路径"对话框，其中的参数值设置如图 8-102 所示。

步骤08 设置完毕单击"确定"按钮，效果如图 8-103 所示。

图 8-102　偏移路径　　　　　　　　　　图 8-103　偏移后

步骤09 在"色板"面板中，将颜色填充为橘红色（C0，M50，Y100，K0），效果如图 8-104 所示。

图 8-104　填充

步骤10 按 Ctrl+Shift+G 快捷键取消编组，选择前面的黑色文字改为白色，效果如图 8-105 所示。

步骤11 将"描边颜色"设置为（C30，M50，Y75，K10）、"描边"为 2pt，如图 8-106 所示。

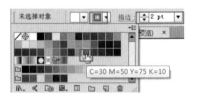

图 8-105　填充　　　　　　　　　　图 8-106　设置描边

步骤12 至此本例制作完毕，效果如图 8-107 所示。

图 8-107　最终效果

 实例 55　使用轮廓化描边结合 3D 绕转制作红花瓶

（**实例思路**）- -

　　Illustrator CC 中的"绕转"效果可以根据选择图形的轮廓，沿指定的轴向进行旋转，从而产生三维图形，绕转的对象可以是开放的路径，也可以是封闭的图形。本例通过 ◢（钢笔工具）绘制路径后，应用"轮廓化描边"命令将描边转换成填充，再为其应用"3D/ 绕转"命令，将图形转换成 3D 图形，具体操作流程如图 8-108 所示。

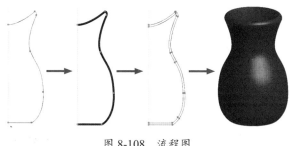

图 8-108 流程图

实例要点

▶▶ 新建文件并拖出辅助线　　　　　　　▶▶ 设置填充和描边

▶▶ 使用钢笔工具绘制路径　　　　　　　▶▶ 应用"绕转"命令

▶▶ 应用"轮廓化描边"命令

操作步骤

步骤 01 执行菜单"文件 / 新建"命令或按 Ctrl+N 快捷键，打开"新建文档"对话框，所有参数都采用默认选项，单击"确定"按钮，新建一个空白文档。

步骤 02 按 Ctrl+R 快捷键调出标尺，拖出垂直辅助线，使用 ▨（钢笔工具）在文档中绘制一个开放路径，起点与终点都与标尺对齐，如图 8-109 所示。

步骤 03 在属性栏中设置"描边"为 8pt，效果如图 8-110 所示。

步骤 04 执行菜单"对象 / 路径 / 轮廓化描边"命令，将路径转换成对象，如图 8-111 所示。

步骤 05 设置填充颜色为"无"、描边颜色设置为红色，如图 8-112 所示。

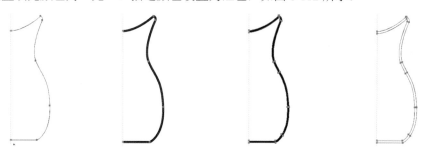

图 8-109 绘制路径　　图 8-110 设置粗细　　图 8-111 轮廓化描边　　图 8-112 设置填充和描边

步骤 06 执行菜单"效果 /3D/ 绕转"命令，打开"3D 绕转选项"对话框，其中的参数值设置如图 8-113 所示。

其中各项参数的具体说明如下。

● 角度：设置绕转对象的旋转角度。取值范围为 0°~360°。可以通过滑动右侧的指针来修改角度，也可以直接在文本框中输入需要的绕转角度值。当输入 360°时，完成三维图形的绕转；输入的值小于 360° 时，将不同程度地显示出未完成的三维效果。

● 端点：控制三维图形为实心还是空心效果。单击 （开启端点以建立实心外观）按钮，可以制作实心图形；单击 （关闭端点以建立空心外观）按钮，可以制作空心图形。

● 位移：设置离绕转轴的距离，值越大，离绕转轴就越远。

● 自：用来设置围绕轴的位置，分为左边和右边。

步骤 07 设置完毕单击"确定"按钮，至此本例制作完毕，效果如图 8-114 所示。

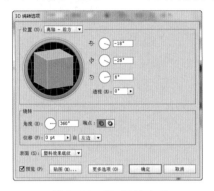

图 8-113　3D 绕转选项

图 8-114　最终效果

实例 56　使用混合工具为直线创建混合

实例思路

　　Illustrator CC 中的 （混合工具）不但可以为绘制的图形创建混合，还可以在线条之间创建混合。本例通过设置"混合选项"对话框，再通过 （混合工具）在两条线条之间创建混合，最后通过 （旋转工具）进行旋转，具体操作流程如图 8-115 所示。

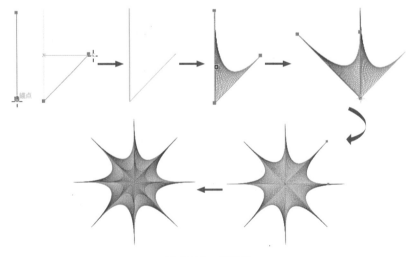

图 8-115　流程图

实例要点 ---

▶▶ 新建文件　　　　　　　　　　　　　▶▶ 使用混合工具在两条线条上创建混合
▶▶ 使用直线段工具绘制直线　　　　　　▶▶ 通过旋转工具进行旋转复制
▶▶ 设置描边颜色　　　　　　　　　　　▶▶ 通过"缩放"命令复制缩小对象
▶▶ 设置混合选项

操作步骤 ---

步骤01 执行菜单"文件 / 新建"命令或按 Ctrl+N 快捷键，打开"新建文档"对话框，所有参数都采用默认选项，单击"确定"按钮，新建一个空白文档。

步骤02 使用 ▨（直线段工具），在页面中一条垂直线条，再按住 Shift 键在第一条线条的终点上向外绘制一条 45 度角的线条，如图 8-116 所示。

步骤03 在属性栏中设置描边颜色分别为"红色"和"青色"，效果如图 8-117 所示。

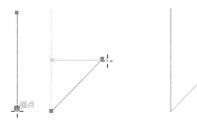

图 8-116　绘制线条　　　图 8-117　设置描边颜色

步骤04 执行菜单"对象 / 混合 / 混合选项"命令，打开"混合选项"对话框，设置"间距"为"指定的步数"，在文本框中输入 30，选择"取向"为"对齐页面"，如图 8-118 所示。

步骤05 设置完毕单击"确定"按钮，使用 ▨（混合工具）在两条线条上单击，为其创建混合效果，如图 8-119 所示。

图 8-118　混合选项　　　图 8-119　创建混合

技巧：将两条线条通过复制后旋转，再为其通过 ▨（混合工具）创建混合，会创建一个两条线之间的过渡混合，如图 8-120 所示。

图 8-120　创建混合

步骤06 使用  （旋转工具）按住 Alt 键，将旋转中心点调整到左下角，松开鼠标和键盘，系统会打开"旋转"对话框，如图 8-121 所示。

步骤07 设置"角度"为 45°，单击"复制"按钮，旋转复制一个副本，效果如图 8-122 所示。

图 8-121　设置旋转中心点

步骤08 按 Ctrl+D 快捷键数次，直到旋转复制一周为止，效果如图 8-123 所示。

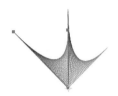

图 8-122　旋转复制　　　图 8-123　旋转复制

步骤09 使用 （选择工具）框选所有对象，按 Ctrl+G 快捷键将其进行编组，执行菜单"对象 / 变换 / 缩放"命令，打开"比例缩放"对话框，其中的参数值设置如图 8-124 所示。

步骤10 设置完毕单击"复制"按钮，复制一个缩小 50% 的副本，至此本例制作完毕，效果如图 8-125 所示。

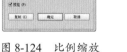

图 8-124　比例缩放　　　图 8-125　最终效果

本章练习与习题

练习

1. 练习两个对象创建混合效果。

2. 为输入的文字创建路径偏移。

习题

1. 为混合效果应用"释放"命令，可以将创建的混合取消。"_____"命令与"释放"命令不同，它不会将混合效果的中间过渡区域删除，而是将其都分解出来，执行"取消编组"命令，就可以单独将其移动出来。

2. 创建混合后，执行菜单"对象 / 混合 /_____"命令，可以改变混合对象的排列顺序，将从前到后调整为从后到前的效果。

第 9 章

特殊文字的制作

设计中是离不开文字的，任何设计如果离开了文字的参与，将会使预览者对于设计的主题不能快速地了解。对文字的编辑可以在设计中起到画龙点睛的作用。

通过前面章节的学习，大家已经对 Illustrator 软件绘制与编辑图形的强大功能有了初步了解，下面介绍使用 Illustrator 对文字部分进行编辑与应用，使大家了解平面设计中文字的魅力。

本章内容

▶▶ 通过文字排列制作粽子广告   ▶▶ 通过风格化效果制作发光字

▶▶ 使用描边制作牛仔线条字   ▶▶ 新建描边并制作多重描边字

▶▶ 通过"外观"面板制作金属字   ▶▶ 使用凸出和斜角功能制作立体字

▶▶ 通过收缩和膨胀制作刺猬字   ▶▶ 通过改变混合路径轴制作弹簧字

实例 57　通过文字排列制作粽子广告

（实例思路） --

　　在制作广告时，文字属于不可缺少的一项内容，排列时可以按照两端对齐或居中对齐的方式进行放置。本例在输入文字后调整文字的位置，对文字应用剪切蒙版，使文字中包含图像，再对局部文字通过居中对齐的方式进行排版，具体操作流程如图 9-1 所示。

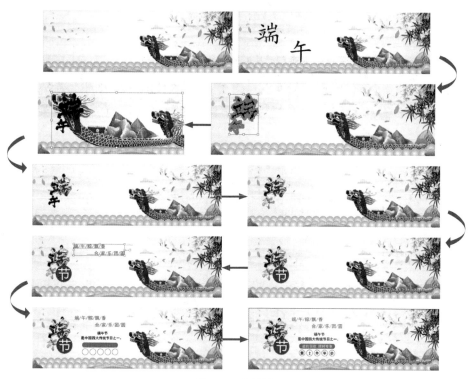

图 9-1　流程图

（实例要点） --

▸▸ 新建文档　　　　　　　　　　　　　▸▸ 扩展文字

▸▸ 置入素材　　　　　　　　　　　　　▸▸ 创建剪切蒙版

▸▸ 输入文字并设置字体和大小

（操作步骤） --

步骤 01 执行菜单"文件 / 新建"命令或按 Ctrl+N 快捷键，打开"新建文档"对话框，设置"宽度"为 640 像素、"高度"为 200 像素，单击"确定"按钮，新建一个空白文档。

步骤 02 执行菜单"文件 / 置入"命令，置入"素材 \ 第 9 章 \ 端午节背景 .jpg"素材文件，单击属性栏中的"嵌入"按钮,将素材嵌入到新建的文档中,效果如图 9-2 所示。

图 9-2 置入素材

步骤③ 使用 T（文字工具）在文档中分别输入两个文字,如图 9-3 所示。

图 9-3 输入文字

技巧：选择 T（文字工具）后,在文档中拖动可以创建段落文本框,在其中可以输入段落文本。

步骤④ 执行菜单"窗口 / 文字 / 字符"命令,打开"字符"面板,选择一个毛笔字体,将上面的文字大小设置为 81.57pt、下面的文字大小设置为 43.67pt,效果如图 9-4 所示。

图 9-4 设置字体和大小

技巧：输入文字并将其选取后,再在字体文本框中选择一种字体,在键盘上单击上下方向键时,可以随机预览选择的字体效果。

步骤⑤ 执行菜单"对象 / 扩展"命令,打开"扩展"对话框,其中的参数值设置如图 9-5 所示。

步骤⑥ 设置完毕单击"确定"按钮,效果如图 9-6 所示。

图 9-5 扩展

图 9-6 扩展后

> **技巧**：将文字转换为图形的方法，还可以执行菜单"文字 / 创建轮廓"命令，将文字转换为填充与描边效果。

步骤07 执行菜单"文件 / 置入"命令，置入"素材 \ 第 9 章 \ 龙舟 .png"素材文件，将其调整到文字"端"的位置，按 Ctrl+[快捷键两次向后调整顺序，将素材放置到文字的后面，如图 9-7 所示。

图 9-7　置入素材

步骤08 将文字与素材一同选取，执行菜单"对象 / 剪切蒙版 / 建立"命令，为选择的对象创建剪切蒙版，效果如图 9-8 所示。

图 9-8　剪切蒙版

步骤09 选择创建剪切蒙版的文字，将其填充颜色设置为黑色、描边颜色设置为绿色，效果如图 9-9 所示。

图 9-9　填充和描边

步骤10 将文字"午"同样为"龙舟"素材创建剪切蒙版，效果如图 9-10 所示。

图 9-10　剪切蒙版

步骤11 执行菜单"对象 / 剪切蒙版 / 编辑内容"命令，进入到编辑状态，调整素材的位置，如图 9-11 所示。

步骤12 调整位置后，在页面空白位置单击鼠标，完成编辑，将"午"字的填充颜色设置为黑色、描边颜色设置为绿色，效果如图 9-12 所示。

图 9-11　编辑内容

图 9-12　填充和描边

步骤⑬ 使用◯（椭圆工具）绘制一个红色的正圆，设置描边颜色为绿色，效果如图 9-13 所示。

图 9-13　绘制正圆

步骤⑭ 执行菜单"窗口 / 描边"命令，打开"描边"面板，设置"粗细"为1pt、"虚线"为 4pt，效果如图 9-14 所示。

图 9-14　设置粗细和虚线

步骤⑮ 使用 T（文字工具）在正圆上输入白色文字"节"，在"字符"面板中设置"字体"为"微软雅黑"、字体大小设置为 42.22，效果如图 9-15 所示。

图 9-15　输入文字

步骤⑯ 使用■（文字工具）在页面中输入文字，将文字填充为绿色，设置字体为"黑体"、字体大小为15pt、行距为21.91pt，效果如图9-16所示。

图9-16　输入文字

步骤⑰ 使用■（矩形工具）绘制一个矩形框，再使用■（区域文字工具）输入文字，将文字填充为"黑色"，设置字体为"黑体"、字体大小为12pt、行距为16pt，效果如图9-17所示。

图9-17　输入区域文字

步骤⑱ 使用■（圆角矩形工具）在页面中绘制一个绿色圆角矩形，使用■（椭圆工具）绘制5个白色正圆，效果如图9-18所示。

图9-18　绘制圆角矩形和正圆

步骤⑲ 使用■（文字工具）在绿色圆角矩形上输入白色文字"底价狂欢 限时专享"，在白色正圆上输入黑色文字"第2件半价"，至此本例制作完毕，效果如图9-19所示。

图9-19　最终效果

实例 58 使用描边制作牛仔线条字

实例思路

　　在文字中间位置创建描边，可以通过"偏移路径"命令将图形进行向外扩展，再将未扩展的区域进行描边设置。本例置入素材并将其定义为图案，输入文字并为其进行"创建轮廓"，再为其应用"偏移路径"命令，将偏移区域填充图案，然后设置描边并添加投影和外发光，具体操作流程如图 9-20 所示。

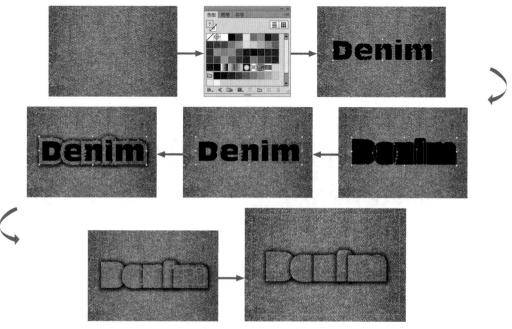

图 9-20　流程图

实例要点

▶▶ 新建文档并置入素材

▶▶ 将素材定义为图案

▶▶ 输入文字

▶▶ 应用"创建轮廓"命令

▶▶ 为文字设置填充和描边

▶▶ 将描边设置为虚线

▶▶ 应用"偏移路径"命令

▶▶ 为偏移区域填充图案

▶▶ 应用投影和外发光

操作步骤

步骤 01 执行菜单"文件 / 新建"命令或按 Ctrl+N 快捷键，打开"新建文档"对话框，所有参数都采用默认选项，单击"确定"按钮，新建一个空白文档。

步骤 02 执行菜单"文件 / 置入"命令，置入"素材 \ 第 9 章 \ 牛仔布 .jpg"素材文件，单击属性栏中的"嵌入"按钮，将素材嵌入到新建的文档中，拖曳素材到"色板"面板中，将其定义为图案，效果如图 9-21 所示。

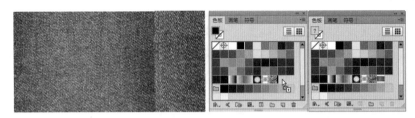

图 9-21　置入素材

步骤 03 使用 T（文字工具）在素材上面输入文字，在"字符"面板中设置字体和文字大小，效果如图 9-22 所示。

步骤 04 执行菜单"文字 / 创建轮廓"命令，将文字转换成图形，如图 9-23 所示。

图 9-22　输入文字　　　　　　图 9-23　创建轮廓

步骤 05 执行菜单"对象 / 路径 / 偏移路径"命令，打开"偏移路径"对话框，设置"位移"为 4mm、"连接"为"斜接"、"斜接限制"为 4，如图 9-24 所示。

步骤 06 设置完毕单击"确定"按钮，效果如图 9-25 所示。

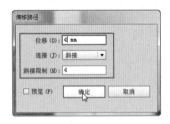

图 9-24　偏移路径　　　　　　图 9-25　偏移路径后

步骤 07 在"色板"面板中，选择刚刚定义的图案，对偏移的路径区域进行填充，效果如图 9-26 所示。

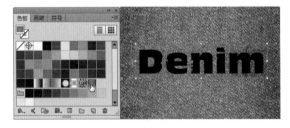

图 9-26　填充

步骤 08 执行菜单"效果/风格化/投影"命令，打开"投影"对话框，其中的参数值设置如图 9-27 所示。

步骤 09 设置完毕单击"确定"按钮，效果如图 9-28 所示。

图 9-27　投影　　　　　　　　　图 9-28　添加投影后

步骤 10 执行菜单"效果/风格化/外发光"命令，打开"外发光"对话框，其中的参数值设置如图 9-29 所示。

步骤 11 设置完毕单击"确定"按钮，效果如图 9-30 所示。

图 9-29　外发光　　　　　　　　　图 9-30　添加外发光后

步骤 12 使用 （编组选择工具）将其中的文字进行选取，在属性栏中设置填充颜色为"无"、描边颜色为（C0，M50，Y100，K0）、描边 2pt，效果如图 9-31 所示。

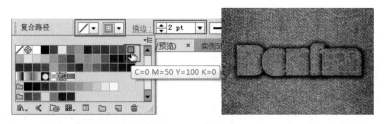

图 9-31　设置填充和描边

步骤 13 在"描边"面板中，设置"虚线"为 4pt，效果如图 9-32 所示。

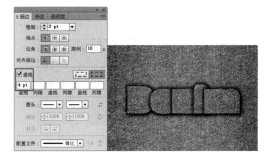

图 9-32　描边

步骤⑭ 使用▣（矩形工具）在素材上绘制一个矩形，在属性栏中设置填充颜色为"无"、描边颜色为（C0，M50，Y100，K0）、"描边"为2pt，效果如图9-33所示。

步骤⑮ 在"描边"面板中，设置"虚线"为4pt，至此本例制作完毕，效果如图9-34所示。

图9-33　绘制矩形　　　　　图9-34　最终效果

 ## 实例 59　通过"外观"面板制作金属字

（实例思路）

输入的文字是不能直接为其填充渐变色的，在不改变文字属性的前提下，可以通过"外观"面板添加描边和填充。本例通过使用▣（文字工具）输入文字后，在"外观"面板中新建填充和描边，然后再为其设置渐变色，具体的操作流程如图9-35所示。

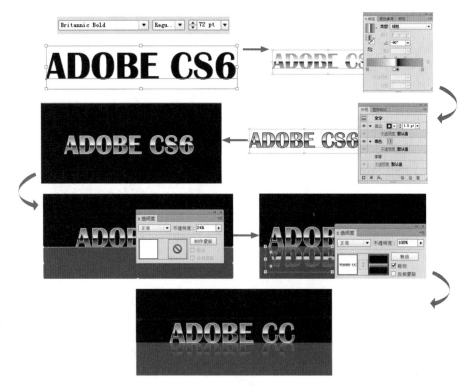

图9-35　流程图

实例要点

▶ 新建文档 ▶ 镜像复制
▶ 使用文字工具输入文字 ▶ 添加蒙版
▶ 使用"外观"面板新建描边和填充 ▶ 通过渐变编辑蒙版
▶ 设置渐变色

操作步骤

步骤01 执行菜单"文件 / 新建"命令或按 Ctrl+N 快捷键，打开"新建文档"对话框，所有参数都采用默认选项，单击"确定"按钮，新建一个空白文档。

步骤02 使用 T（文字工具）在文档中输入文字，设置文字字体和文字大小，效果如图 9-36 所示。

图 9-36 输入文字

提示：输入的文字不能够直接填充渐变色。如果想为其填充渐变色，可以为其进行创建轮廓，再进行渐变填充，此时水平填充的渐变色会单独以文字中的字母为单位进行渐变填充，垂直填充的渐变色会以整个文字进行填充，如图 9-37 所示。

图 9-37 填充渐变色

技巧：如果想对文字进行渐变填充但是又不想破坏文字特性，可以通过在"外观"面板中新建填充色来解决这一问题。

步骤03 文字输入完毕，执行菜单"窗口 / 外观"命令，打开"外观"面板，在弹出菜单中选择"添加新填色"，如图 9-38 所示。

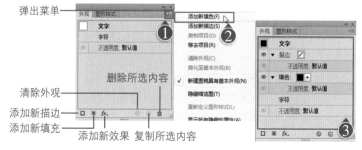

图 9-38 "外观"面板

其中的各项参数含义如下。

● 添加新描边：单击此按钮，可以在"外观"面板中增加一个描边。

● 添加新填充：单击此按钮，可以在"外观"面板中增加一个填色。

● 添加新效果：单击此按钮，在下拉菜单中可以选择一个效果。

● 清除外观：单击此按钮，可以把外观中的所有内容全部清除。

● 复制所选内容：在面板中选择一个外观选项后，单击此按钮，可以复制一个当前选项。

● 删除所选内容：单击此按钮，可以将选择的外观选项删除。

● 弹出菜单：单击，系统会弹出下拉菜单命令。

> 技巧：在"外观"面板中，为文字添加新填色或添加新描边后，可以直接在面板中单击 □ ■ （添加新填色/添加新描边）按钮来进行快速填充。

步骤04 选择填色。执行菜单"窗口/渐变"命令，打开"渐变"面板，设置"类型"为"线性"、渐变色为"从白色到黑色"，如图 9-39 所示。

图 9-39　渐变色

步骤05 在"渐变"面板中设置渐变效果，改变角度为 -90°，渐变色从左向右依次设置为"灰色、白色、黑色、灰色"，效果如图 9-40 所示。

步骤06 在"外观"面板中单击"描边"色块，设置颜色为"黑色"、宽度为 1.5pt，如图 9-41 所示。

图 9-40　渐变色　　　　　　　　　　　图 9-41　设置描边

步骤07 在"渐变"面板中设置"描边"为"渐变色"，"类型"为"线性"，渐变色为从左向右依次设置为"白色、灰色、白色、灰色、白色"，设置角度为 -90°，效果如图 9-42 所示。

步骤08 此时金属字制作完毕，使用 ■（矩形工具）绘制一个黑色矩形和一个白色矩形，将其作为背景，效果如图 9-43 所示。

图 9-42　渐变色

图 9-43　绘制矩形背景

步骤09 选择白色矩形，执行菜单"窗口/透明度"命令，打开"透明度"面板，设置"不透明度"为 24%，效果如图 9-44 所示。

图 9-44　设置不透明度

步骤10 在工具箱中双击 （镜像工具），打开"镜像"对话框，选择"水平"单选按钮，单击"复制"按钮，效果如图 9-45 所示。

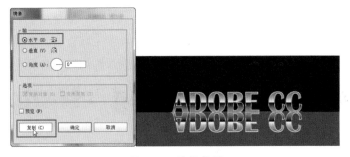

图 9-45　镜像复制

步骤11 在"透明度"面板中，单击"制作蒙版"按钮，选择蒙版缩略图，使用 （矩形工具）绘制一个矩形，效果如图 9-46 所示。

图 9-46　添加蒙版

步骤⑫ 在"渐变"面板中设置渐变效果,"类型"设置为"线性",改变角度为-90°,渐变色从左向右依次为"白色、黑色",使用▣(渐变工具)调整渐变位置,效果如图 9-47 所示。

图 9-47　编辑渐变蒙版

步骤⑬ 至此本例制作完毕,效果如图 9-48 所示。

图 9-48　最终效果

 实例 60　通过收缩和膨胀制作刺猬字

（实例思路） ---

　　Illustrator CC 中的"收缩和膨胀"命令可以使选择的图形以它的锚点为基础,向内或向外发生扭曲变形。本例就是在页面中输入文字,通过"创建轮廓"命令将文字转换成图形,再为其填充"孔雀"图案,应用"收缩和膨胀"命令改变文字的形状,为其复制一个镜像副本并制作蒙版,然后为其绘制一个矩形渐变作为背景,具体操作流程如图 9-49 所示。

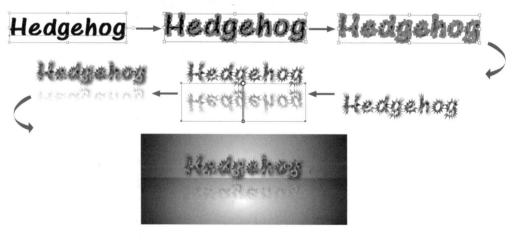

图 9-49　流程图

（实例要点） --

▶▶ 新建文档 ▶▶ 为文字图形填充"孔雀"色标

▶▶ 使用文字工具输入文字 ▶▶ 镜像复制一个副本

▶▶ 将文字创建为轮廓 ▶▶ 制作蒙版

▶▶ 在"色板"面板中找到"自然 - 动物毛" ▶▶ 绘制矩形并填充渐变色

（操作步骤） --

步骤 01 执行菜单"文件 / 新建"命令或按 Ctrl+N 快捷键，打开"新建文档"对话框，所有参数都采用默认选项，单击"确定"按钮，新建一个空白文档。

步骤 02 使用 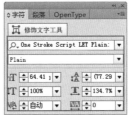（文字工具）在文档中输入文字，在"字符"面板中设置字体和文字大小，效果如图 9-50 所示。

图 9-50　输入文字

步骤 03 执行菜单"文字 / 创建轮廓"命令，将文字转换为图形，如图 9-51 所示。

图 9-51　创建轮廓

步骤 04 执行菜单"窗口 / 色板"命令，打开"色板"面板，单击"色板库"菜单按钮，在弹出菜单中选择"图案 / 自然 / 自然 _ 动物皮"选项，如图 9-52 所示。

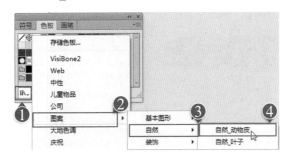

图 9-52　色板

步骤 05 此时系统会弹出"自然 _ 动物皮"面板，单击面板中的"孔雀"色标，此时会将文字填充孔雀颜色，如图 9-53 所示。

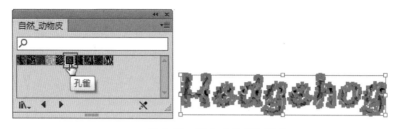

图 9-53　填充"孔雀"图案

提示：在"色板库"菜单打开的面板中选择相应色标后，该色标会自动添加到"色板"
面板中，以方便以后调用。

步骤06 执行菜单"效果 / 扭曲和变换 / 收缩和膨胀"命令，打开"收缩和膨胀"对话框，其中
的参数值设置如图 9-54 所示。

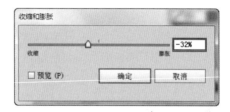

图 9-54　"收缩和膨胀"对话框

步骤07 设置完毕单击"确定"按钮，效果如图 9-55 所示。

图 9-55　收缩和膨胀后

步骤08 选择文字，单击 ▣（镜像工具），打开"镜像"对话框，其中的参数值设置如图 9-56 所示。

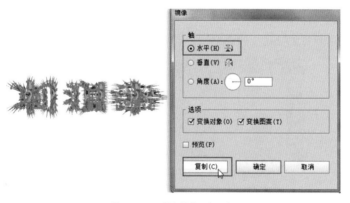

图 9-56　"镜像"对话框

步骤09 镜像复制后，将副本向下移动，执行菜单"窗口 / 透明度"命令，打开"透明度"面板，
单击"制作蒙版"按钮，选择蒙版缩略图，效果如图 9-57 所示。

图 9-57 制作蒙版

步骤⑩ 使用■（矩形工具）在倒影处创建白色矩形，效果如图 9-58 所示。

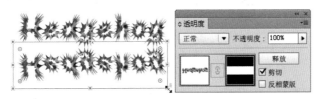

图 9-58 绘制白色矩形

步骤⑪ 执行菜单"窗口 / 渐变"命令，打开"渐变"面板，设置"类型"为"线性"、角度为 -90°、渐变色为"从白色到黑色"，效果如图 9-59 所示。

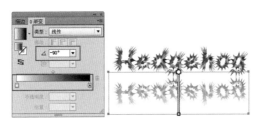

图 9-59 渐变蒙版

步骤⑫ 使用■（渐变工具）改变渐变位置，效果如图 9-60 所示。

步骤⑬ 在"透明度"面板中单击"图像"缩略图，选择文字，执行菜单"效果 / 风格化 / 投影"命令，打开"投影"对话框，其中的参数值设置如图 9-61 所示。

图 9-60 编辑渐变

步骤⑭ 设置完毕单击"确定"按钮，效果如图 9-62 所示。

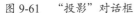

图 9-61 "投影"对话框

图 9-62 添加投影

步骤⑮ 文字制作完毕后，下面制作背景。在文字的后面绘制矩形，使用"渐变"面板，对其进行设置，效果如图 9-63 所示。

图 9-63　背景

步骤⑯ 至此本例制作完毕，效果如图 9-64 所示。

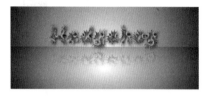

图 9-64　最终效果

 实例 61　通过风格化效果制作发光字

（实例思路）----------

　　Illustrator CC 中的"风格化"效果主要是为图形对象添加特殊的图形效果，比如内发光、圆角、外发光、投影和添加箭头等。这些特效的应用可以为图形增添更加生动的艺术氛围。本例就是置入素材后应用剪切蒙版制作背景，使用 T（文字工具）输入文字，再应用"创建轮廓"和"取消编组"命令，调整文字图形位置后，为其添加"投影"和"内发光"效果，具体操作流程如图 9-65 所示。

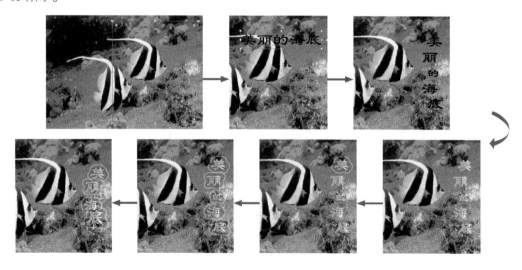

图 9-65　流程图

实例要点 --

▶▶ 新建文档　　　　　　　　　　　　 ▶▶ 使用文字工具输入文字

▶▶ 置入素材　　　　　　　　　　　　 ▶▶ 为文字创建轮廓

▶▶ 应用剪切蒙版　　　　　　　　　　 ▶▶ 为文字图形应用投影和内发光

操作步骤 --

步骤 01 执行菜单"文件 / 新建"命令或按 Ctrl+N 快捷键，打开"新建文档"对话框，设置"宽度"为 180mm、"高度"为 135mm，单击"确定"按钮，新建一个空白文档。

步骤 02 执行菜单"文件 / 置入"命令，置入"素材 \ 第 9 章 \ 海底世界 .jpg"素材文件，单击属性栏中的"嵌入"按钮，如图 9-66 所示。

步骤 03 使用 ▣（矩形工具）在素材上绘制一个矩形，如图 9-67 所示。

图 9-66　置入素材　　　　　　　　　 图 9-67　绘制矩形

步骤 04 使用 ▶（选择工具）将矩形和素材一同选取，执行菜单"对象 / 剪切蒙版 / 建立"命令，创建剪切蒙版，效果如图 9-68 所示。

步骤 05 执行菜单"对象 / 锁定 / 所选对象"命令，将素材进行锁定，此时在编辑图像时将不会对已锁定的对象起作用。

> **技巧**：如果想对锁定的对象进行解锁，只要执行菜单"对象 / 全部解锁"命令即可。

步骤 06 使用 T（文字工具），在背景上选择起始点输入美术字，设置字体为"隶书"，如图 9-69 所示。

图 9-68　剪切蒙版　　　　　　　　　 图 9-69　输入文字

步骤07 执行菜单"文字 / 创建轮廓"命令,按 Ctrl+Shift+G 快捷键取消群组,将单个的文字图形移动到合适位置并调整大小,效果如图 9-70 所示。

步骤08 调整完毕后,将所有的文字图形一同选取,打开"渐变"面板,设置"类型"为"线性"、渐变色从左到右依次为"橘黄、青色、白色和红色",效果如图 9-71 所示。

图 9-70　调整位置　　　　　　　　　　图 9-71　填充渐变色

步骤09 设置描边颜色为"黄色"、"描边"为 2pt,效果如图 9-72 所示。

步骤10 选择"美"文字图形,执行菜单"效果 / 风格化 / 投影"命令,打开"投影"对话框,其中的参数值设置如图 9-73 所示。

步骤11 设置完毕单击"确定"按钮,效果如图 9-74 所示。

步骤12 执行菜单"效果 / 风格化 / 内发光"命令,打开"内发光"对话框,其中的参数值设置如图 9-75 所示。

步骤13 设置完毕单击"确定"按钮,效果如图 9-76 所示。

图 9-72　描边

图 9-73　"投影"对话框　　　　　　　图 9-74　添加投影

图 9-75　"内发光"对话框　　　　　　图 9-76　添加内发光

步骤⑭ 使用同样的方法为剩下的 4 个文字图形添加投影和内发光，效果如图 9-77 所示。

步骤⑮ 使用 （选择工具）单独选取每个文字图形，将其进行位置的移动并再次调整放大，至此本例制作完毕，效果如图 9-78 所示。

图 9-77　添加投影和内发光　　　图 9-78　最终效果

实例 62　新建描边并制作多重描边字

实例思路

在"外观"面板中可以为文字或图形添加多重描边，要想将其显示出来，只要将描边粗细设置为不同大小即可。本例使用 T（文字工具）输入文字，设置描边后单独为每个字母填色，在"外观"面板中新建一个描边，设置颜色和粗细，最后再通过"创建轮廓"和"偏移路径"命令制作多重描边，具体操作流程如图 9-79 所示。

图 9-79　流程图

实例要点

▶ 新建文件　　　　　　　　　　　▶ 设置描边颜色和描边粗细

▶ 使用文字工具输入文字　　　　　▶ 单独为每个字母设置填色

▶ 在"外观"面板中新建一个描边　　▶ 应用"偏移路径"命令

▶ 应用"创建轮廓"命令　　　　　　▶ 应用"取消编组"命令

（操作步骤）- -

步骤 01 执行菜单"文件 / 新建"命令或按 Ctrl+N 快捷键，打开"新建文档"对话框，所有参数都采用默认选项，单击"确定"按钮，新建一个空白文档。

步骤 02 使用 **T**（文字工具）在文档中输入文字，在"字符"面板中设置文字字体和文字大小，如图 9-80 所示。

图 9-80　输入文字

步骤 03 在属性栏中，设置描边颜色为（C85，M50，Y0，K0）、"描边"为 6pt，效果如图 9-81 所示。

图 9-81　设置描边

技巧：在"外观"面板中同样可以为文字或图形进行填色或描边设置。

步骤 04 使用 **T**（文字工具）选取第一个字母，将其填充为"青色"，如图 9-82 所示。

图 9-82　设置字母颜色

技巧：使用 **T**（文字工具）单击要选择的文本字符的起始位置，然后按住 Shift 键的同时按键盘上的向左键或向右键，每按一次方向键就会选择一个字符或取消一个字符的选择；使用 **T**（文字工具）在文本的字符上按住鼠标拖曳，松开鼠标即可将鼠标经过区域字符选取。

步骤 05 依次将其他字母填充其他的颜色，效果如图 9-83 所示。

图 9-83　字母填色

步骤 06 在"外观"面板中，单击 （添加新描边）按钮，会在"外观"面板中新建一个描边，如图 9-84 所示。

图 9-84　新建描边

步骤 07 设置描边颜色为"白色"、描边粗细为 2pt，效果如图 9-85 所示。

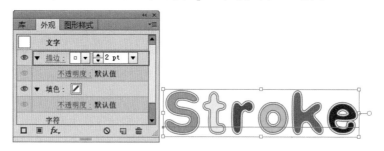

图 9-85　编辑描边

步骤 08 执行菜单"文字 / 创建轮廓"命令，将文字转换成图形，如图 9-86 所示。

步骤 09 执行菜单"对象 / 路径 / 偏移路径"命令，打开"偏移路径"对话框，其中的参数值设置如图 9-87 所示。

图 9-86　创建轮廓

图 9-87　偏移路径

步骤 10 设置完毕单击"确定"按钮，效果如图 9-88 所示。

步骤 11 按住 Alt 键向下移动文字，复制一个副本，效果如图 9-89 所示。

图 9-88　偏移后　　　　　　　　　　图 9-89　复制

步骤⑫ 按 Ctrl+Shift+G 快捷键取消编组，效果如图 9-90 所示。

步骤⑬ 使用▢（矩形工具）绘制一个黄色矩形，按 Ctrl+Shift+[快捷键将其放置到最底层，至此本例制作完毕，效果如图 9-91 所示。

图 9-90　取消编组　　　　　　　　　图 9-91　最终效果

实例 63　使用凸出和斜角功能制作立体字

实例思路

　　本例通过▣（文字工具）输入文字后，应用"凸出和斜角"命令为其制作三维立体文字，再为文字设置描边色并添加投影，具体操作流程如图 9-92 所示。

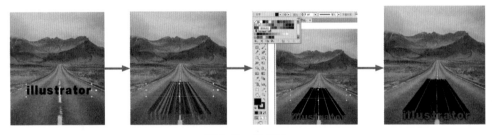

图 9-92　流程图

实例要点

▶ 新建文件　　　　　　　　　　　　▶ 设置描边

▶ 使用文字工具输入文字　　　　　　▶ 应用"投影"命令

▶ 应用"凸出和斜角"命令调整三维效果

（操作步骤）---

步骤01 执行菜单"文件 / 新建"命令或按 Ctrl+N 快捷键，打开"新建文档"对话框，所有参数都采用默认选项，单击"确定"按钮，新建一个空白文档。

步骤02 执行菜单"文件 / 置入"命令，置入"素材 \ 第 9 章 \ 公路 .jpg"素材文件，单击属性栏中的"嵌入"按钮，如图 9-93 所示。

步骤03 使用 T（文字工具）在素材上输入文字，设置文字字体和文字大小，效果如图 9-94 所示。

步骤04 执行菜单"效果 /3D/ 凸出和斜角"命令，打开"3D 凸出和斜角选项"对话框，其中的参数值设置如图 9-95 所示。

图 9-93　置入素材

图 9-94　设置文字

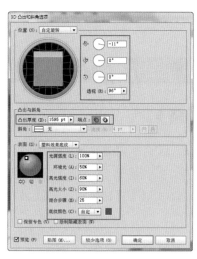

图 9-95　3D 凸出和斜角选项

步骤05 设置完毕单击"确定"按钮，效果如图 9-96 所示。

步骤06 在属性栏中，设置描边颜色为"套版色"，效果如图 9-97 所示。

图 9-96　3D 文字

图 9-97　设置描边

步骤 07 执行菜单"效果 / 风格化 / 投影"命令，打开"投影"对话框，其中的参数值设置如图 9-98 所示。

步骤 08 设置完毕单击"确定"按钮，至此本例制作完毕，效果如图 9-99 所示。

图 9-98　投影

图 9-99　最终效果

 实例 64　通过改变混合路径轴制作弹簧字

（实例思路）

　　Illustrator CC 中创建的混合可以根据之后绘制的路径来替换之前的混合路径。本例通过 ◯ （椭圆工具）绘制椭圆，为其创建混合后，将其替换到铅笔绘制的路径上，通过"透明度"面板中的"制作蒙版"按钮来制作倒影，具体操作流程如图 9-100 所示。

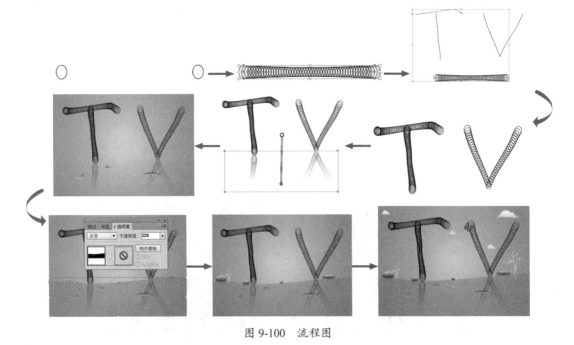

图 9-100　流程图

实例要点

- ▶ 新建文件
- ▶ 使用椭圆工具绘制椭圆
- ▶ 设置混合选项
- ▶ 使用混合工具在两个椭圆上创建混合
- ▶ 通过"镜像"命令复制副本

- ▶ 制作蒙版
- ▶ 通过渐变色编辑蒙版
- ▶ 移入符号
- ▶ 使用钢笔工具绘制图形
- ▶ 设置不透明度

操作步骤

步骤01 执行菜单"文件 / 新建"命令或按 Ctrl+N 快捷键，打开"新建文档"对话框，所有参数都采用默认选项，单击"确定"按钮，新建一个空白文档。

步骤02 使用（椭圆工具）在页面中绘制两个椭圆形，将填充颜色设置为"无"，如图 9-101 所示。

图 9-101　绘制椭圆

步骤03 框选两个椭圆，执行菜单"对象 / 混合 / 混合选项"命令，打开"混合选项"对话框，其中的参数值设置如图 9-102 所示。

步骤04 设置完毕单击"确定"按钮，使用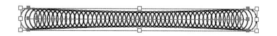（混合工具）在两个椭圆上单击，为其创建混合效果，如图 9-103 所示。

图 9-102　混合选项

图 9-103　混合

步骤05 使用（铅笔工具）绘制一个由线条组成的英文，如图 9-104 所示。

步骤06 复制两个混合后的副本，将其中一个混合后的对象和一条线条一同选取，如图 9-105 所示。

图 9-104　绘制线条

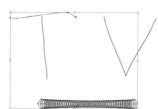

图 9-105　选择图形

步骤 07 执行菜单"对象 / 混合 / 替换混合轴"命令，效果如图 9-106 所示。

步骤 08 使用同样的方法，将另外的线条替换混合轴，效果如图 9-107 所示。

图 9-106　替换混合轴　　　　　　图 9-107　替换混合轴

步骤 09 在工具箱中双击 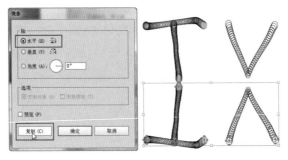（镜像工具），打开"镜像"对话框，选择"水平"单选按钮，单击"复制"按钮，将副本向下移动，效果如图 9-108 所示。

图 9-108　镜像复制

步骤 10 将翻转的 V 向上移动，效果如图 9-109 所示。

步骤 11 将翻转的图形一同选取，在"透明度"面板中，单击"制作蒙版"按钮，为其添加蒙版后，选择蒙版缩略图，使用 □（矩形工具）绘制一个矩形，效果如图 9-110 所示。

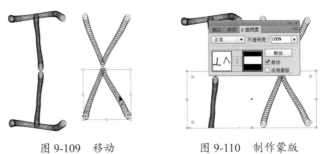

图 9-109　移动　　　　　　图 9-110　制作蒙版

步骤 12 在"渐变"面板中，设置渐变色来编辑蒙版，效果如图 9-111 所示。

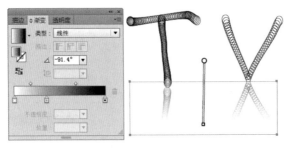

图 9-111　渐变蒙版

步骤⑬ 使用 （矩形工具）绘制一个矩形，按 Ctrl+Shift+[快捷键将其放置到最底层，在"渐变"面板中设置渐变色，效果如图 9-112 所示。

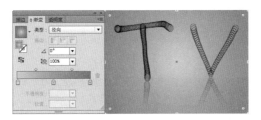

图 9-112　渐变

步骤⑭ 执行菜单"窗口 / 符号库 / 自然"命令，打开"自然"符号面板，选择其中的"鱼"符号，将其拖曳到页面中，效果如图 9-113 所示。

图 9-113　移入符号

步骤⑮ 使用 （钢笔工具）绘制一个黑色封闭图形，在"透明度"面板中设置"不透明度"为 22%，效果如图 9-114 所示。

步骤⑯ 在"自然"符号面板中，拖曳出"石头"符号，在工具箱中双击 （镜像工具），打开"镜像"对话框，选择"水平"单选按钮，单击"复制"按钮，将副本向下移动，效果如图 9-115 所示。

图 9-114　透明度　　　　　图 9-115　复制符号

步骤⑰ 在"透明度"面板中单击"制作蒙版"按钮，为其添加蒙版后，选择蒙版缩略图，使用 （矩形工具）绘制一个矩形，在"渐变"面板中设置渐变色来编辑蒙版，效果如图 9-116 所示。

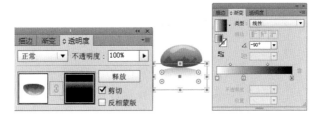

图 9-116　制作蒙版

步骤⑱ 在"透明度"面板中，选择"原图"缩略图，再使用同样的方法制作水草的倒影，效果如图 9-117 所示。

步骤⑲ 将石头和水草拖曳到背景上，复制几个副本并对其进行调整，效果如图 9-118 所示。

步骤⑳ 在"自然"符号面板中，将"云彩"和"昆虫"拖曳到文档中，调整大小和位置，至此本例制作完毕，效果如图 9-119 所示。

图 9-117　倒影

图 9-118　调整位置

图 9-119　最终效果

本章练习与习题

练习

创建各种文字。

习题

1. 图 9-120 所示为输入完毕并处于选中状态的文字，由图可判断它属于什么文字？（　　　）

图 9-120　文字

A. 美术字

B. 段落文字

C. 既不是美术字，也不是段落文字

D. 可能是美术字，也可能是段落文字

2. 在图 9-121 中是选中对象的状态，这说明什么？（　　　）

图 9-121　文字状态

A. 在其他的文本框中有链接的文本

B. 在这个文本框中还有没展开的文字

C. 这个已经不是文字，而被转换为曲线了

D. 只是表示当前这个文本块被选中，没有其他含义

第 10 章

企业形象设计

企业形象设计又称 CI 设计。

CIS 简称 CI，是 Corporate Identity System 的缩写，意思是企业形象识别系统。这是指一个企业为了获得社会的理解与信任，将其宗旨和产品包含的文化内涵传达给公众，而建立自己的视觉体系形象系统。

（本章内容）

▶ Logo 标志设计　　　　▶ 烟灰缸设计

▶ 名片设计　　　　　　▶ 餐巾纸盒正面设计

▶ 纸杯设计　　　　　　▶ 手提袋设计

▶ 工作 T 恤设计

学习企业形象设计，应对以下几点进行了解：

（1）设计理念与作用　　　　　　　（3）企业标志的概念

（2）CIS 的具体组成部分　　　　　（4）企业标志的表现形式

1. 设计理念与作用

将企业文化与经营理念统一设计，利用整体表达体系（尤其是视觉表达系统）传达给企业内部人员与公众，使其对企业产生一致的认同感，以留下良好的企业印象，最终促进企业产品和服务的销售。CIS 的作用主要分为对内与对外两部分。

- 对内，企业可通过 CI 设计，对其办公系统、生产系统、管理系统以及营销、包装、广告等宣传形象形成规范和统一管理，由此调动企业每个职工的积极性和归属感、认同感，使各职能部门能各行其职、有效合作。

- 对外，通过一体化的符号形式来形成企业的独特形象，便于公众辨别、认同企业形象，促进企业产品或服务的推广。

2.CIS 的具体组成部分

CIS 系统是由 MI（Mind Identity，理念识别）、BI（Behavior Identity，行为识别）、VI（Visual Identity，视觉识别）三方面组成。其核心是 MI，它是整个 CIS 的最高决策层，为整个系统奠定了理论基础和行为准则，并通过 BI 与 VI 表达出来。所有的行为活动与视觉设计都是围绕着 MI 这个中心展开的，成功的 BI 与 VI 就是将企业的独特精神准确表达出来。

- MI：理念识别。企业理念，对内影响企业的决策、活动、制度、管理等，对外影响企业的公众形象、广告宣传等。所谓 MI，是指确立企业自己的经营理念，企业对目前和将来一定时期的经营目标、经营思想、经营方式和营销状态进行总体规划和界定。主要内容包括企业精神、企业价值观、企业文化、企业信条、经营理念、经营方针、市场定位、产业构成、组织体制、管理原则、社会责任和发展规划等。

- BI：行为识别。BI 直接反映企业理念的个性和特殊性，包括对内的组织管理和教育，对外的公共关系、促销活动、资助社会性的文化活动等。

- VI：视觉识别。VI 是企业的视觉识别系统，包括基本要素（企业名称、企业标志、标准字、标准色、企业造型等）和应用要素（产品造型、办公用品、服装、招牌、交通工具等），通过具体符号的视觉传达设计，让人们留下对企业的视觉印象。

3. 企业标志的概念

企业标志承载着企业的无形资产，是企业综合信息传递的媒介。标志作为企业 CIS 战略的最主要部分，在企业形象传递过程中，是应用最广泛、出现频率最高，同时也是最关键的元素。企业强大的整体实力、完善的管理机制、优质的产品和服务，都被涵盖于标志中，通过不断地刺激和反复刻画，深深地留在受众心中。企业标志，可分为企业自身的标志和商品标志。

4. 企业标志的表现形式

标志主要是由文字、图形两大要素构成的，二者相结合是组成标志的基础，并由此派生出标志的不同种类。文字类标志包括汉字类标志与拉丁字母类标志；图形类标志包括具象图形标志和抽象图形标志；由文字和图相结合，又构成了表现形式众多的综合类标志。

5. VI 欣赏

实例 65 Logo 标志设计

实例思路

本例制作的 Logo 是一款餐饮行业的标志，因为餐饮内容以牛肉为主，所以绘制了一个牛角；因为需要中国传统的文化内容作为底衬，我们选择了具有中国特色的墨点作为主体部分；最后加上毛笔字，完成整个 Logo 的设计，思路如图 10-1 所示。

图 10-1 思路

制作时对正圆应用"减去顶层"命令制作出牛角，再对牛角进行形状的调整；墨点部分是移入符号并扩展后，再为其应用"减去顶层"命令，合成后输入文字，具体流程如图 10-2 所示。

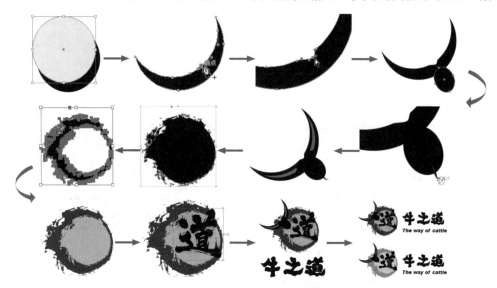

图 10-2　制作流程

实例要点

▶ 新建文档

▶ 使用椭圆工具绘制正圆

▶ 在路径查找器中应用"减去顶层"

▶ 添加锚点并调整锚点位置

▶ 使用宽度工具调整直线

▶ 使用旋转扭曲工具编辑直线

▶ 移入符号

▶ 应用"扩展"命令

▶ 输入文字

操作步骤

牛头的制作方法如下。

步骤01 执行菜单"文件/新建"命令或按 Ctrl+N 快捷键，打开"新建文档"对话框，所有参数都采用默认选项，单击"确定"按钮，新建一个空白文档。

步骤02 使用 ◎（椭圆工具）绘制两个正圆，为了区分，我们绘制两个不同颜色，效果如图 10-3 所示。

步骤03 框选两个正圆，执行菜单"窗口/路径查找器"命令，打开"路径查找器"面板，单击 ⬚（减去顶层）按钮，效果如图 10-4 所示。

图 10-3　绘制正圆

图 10-4　减去顶层

步骤04 使用 ![添加锚点工具图标] （添加锚点工具）在图形上为其添加 3 个锚点，如图 10-5 所示。

步骤05 使用 ![直接选择工具图标] （直接选择工具）选择中间的锚点，调整锚点位置，效果如图 10-6 所示。

步骤06 使用 ![椭圆工具图标] （椭圆工具）绘制一个椭圆，如图 10-7 所示。

图 10-5　添加锚点　　　　　图 10-6　调整形状　　　　　图 10-7　绘制椭圆

步骤07 使用 ![直线段工具图标] （直线段工具）绘制一个粗细为 3pt 的线段，如图 10-8 所示。

步骤08 使用 ![宽度工具图标] （宽度工具）将线段尾部调整成尖角，效果如图 10-9 所示。

步骤09 使用 ![旋转扭曲工具图标] （旋转扭曲工具）在直线段尾部按住鼠标左键，将其进行旋转扭曲；使用 ![钢笔工具图标] （钢笔工具）在牛角处绘制图形，填充灰色，此时牛头部分绘制完毕，效果如图 10-10 所示。

图 10-8　绘制线段　　　　图 10-9　调整宽度　　　　　　图 10-10　旋转扭曲

技巧：使用 ![旋转扭曲工具图标] （旋转扭曲工具）变形对象时，笔触大小可以按住 Alt 键的同时按住鼠标进行拖动来进行变换，向右拖动会变宽、向左拖动会变窄，如图 10-11 所示。向上拖动会变高、向下拖动会变矮，如图 10-12 所示。

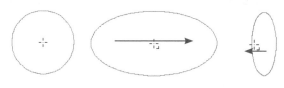

图 10-11　变宽与变窄笔触

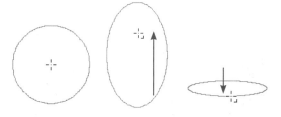

图 10-12　变高与变矮笔触

技巧： 使用 （旋转扭曲工具）变形对象时，双击工具图标，打开"旋转扭曲工具选项"对话框，当"旋转扭曲速率"为正值时会按逆时针旋转，为负值时会按顺时针旋转，如图 10-13 所示。

逆时针　　　　　　　　　　　　顺时针

图 10-13　变形

墨迹部分制作方法如下。

步骤01 执行菜单"窗口/符号库/污点矢量包"命令，打开"污点矢量包"符号面板，选择其中的"污点矢量包 02"符号，将其拖曳到页面中，如图 10-14 所示。

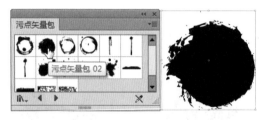

图 10-14　移入符号

步骤02 选择文字，执行菜单"对象/扩展"命令，将符号进行扩展，如图 10-15 所示。

步骤03 按 Ctrl+C 快捷键复制图形，再按 Ctrl+V 快捷键复制一个副本，将其缩小后移动到合适位置，按住 Alt 键再复制一个副本备用，效果如图 10-16 所示。

图 10-15　扩展后　　　　　　图 10-16　复制并调整大小和位置

步骤04 框选两个叠加一起的墨点，在"路径查找器"面板单击 （减去顶层）按钮，效果如图 10-17 所示。

步骤05 将小墨点移动到"减去顶层"对象的上面，再为其分别填充（C0，M35，Y85，K0）和（C40，M65，Y90，K35）颜色，效果如图 10-18 所示。

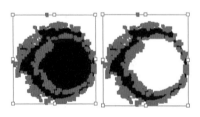

图 10-17　减去顶层　　　　　　图 10-18　填充颜色

步骤 06 使用 T (文字工具) 输入文字"道", 将字体设置为一个自己喜欢的毛笔字体、调整大小, 此时墨迹部分制作完毕, 效果如图 10-19 所示。

图 10-19　输入文字

合成部分制作方法如下。

步骤 01 将之前制作的牛头移动到墨迹的左上角处, 效果如图 10-20 所示。

步骤 02 在合成的图标下面, 使用 T (文字工具) 输入文字, 字体同样选择一个墨笔字体, 此时 Logo 制作完毕, 效果如图 10-21 所示。

步骤 03 我们还可以调整一下标志的样式, 将文字都放置到右侧并添加英文以及去掉颜色后的效果, 如图 10-22 所示。

图 10-20　输入文字　　　　图 10-21　最终效果　　　　图 10-22　调整效果

实例 66　名片设计

名片是现代社会中应用较为广泛的一种交流工具, 也是现代交际中不可或缺的展现个性风貌的必备工具。名片的标准尺寸为 90mm×55mm、90mm×50mm 和 90mm×45mm。但是加上上、下、左、右各 3mm 的出血, 制作尺寸则必须设定为 96×61mm、96mm×56mm、96mm×51mm。设计名片时还得确定名片上所要印刷的内容。名片的主体是名片上所提供的信息, 名片信息主要有姓名、工作单位、电话、手机、职称、地址、网址、E-mail、经营范围、企业的标志、图片、公司的企业语等。

实例思路 --

本名片以上一例设计的 Logo 标志为前提, 为饭馆人员设计一款有自己风格的名片样式。在黑板名片上用白色色块作为辅色, 是提升名片设计感最简单的方法。在色块上加入要强调的信息, 名片的正反面色调搭配要一致, 这样会增加整体感, 同时加深客户的品牌记忆, 并在底色上加上文字的布局, 具体制作流程如图 10-23 所示。

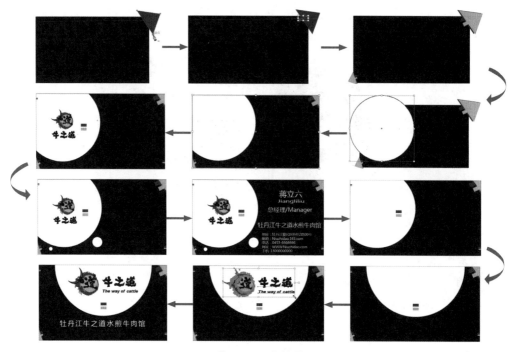

图 10-23　流程图

(实例要点)

▶ 新建文档　　　　　　　　　▶ 使用"矩形工具"绘制矩形

▶ 用钢笔工具绘制三角形　　　　▶ 创建剪切蒙版

▶ 用直线段工具绘制直线　　　　▶ 移入 Logo

▶ 复制副本　　　　　　　　　▶ 输入文字

(操作步骤)

名片正面制作方法如下。

步骤 01 执行菜单"文件 / 新建"命令或按 Ctrl+N 快捷键，打开"新建文档"对话框，所有参数都采用默认选项，单击"确定"按钮，新建一个空白文档。

步骤 02 使用 □（矩形工具）文档中单击绘制一个"宽度"为 96mm、"高度"为 51mm 的黑色矩形。

步骤 03 使用 ☑（钢笔工具）在矩形右上角处绘制一个三角形，设置颜色为（C40，M65，Y90，K：35），效果如图 10-24 所示。

图 10-24　绘制矩形和三角形

步骤 04 使用 ▱（直线段工具）绘制一个"粗细"为 8pt 的直线段，颜色设置为（C40，M65，Y90，K35），如图 10-25 所示。

步骤 05 选择直线和三角形，复制一个副本调整位置，设置颜色为（C0，M35，Y85，K0），如图 10-26 所示。

图 10-25　绘制直线

图 10-26　复制形状并改变颜色

步骤 06 将三角形和直线一同选取，复制一个副本，将其移动到左下角，缩小后并调整位置，效果如图 10-27 所示。

步骤 07 使用 ▱（椭圆工具）绘制一个白色正圆，如图 10-28 所示。

图 10-27　复制图形

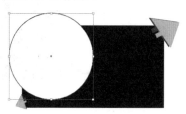

图 10-28　绘制正圆

步骤 08 选择后面的黑色矩形，复制一个副本，将副本放置到与原图一致的位置，如图 10-29 所示。

步骤 09 将前面的矩形和后面的三角形、直线和正圆一同选取，执行菜单"对象 / 剪切蒙版 / 建立"命令或按 Ctrl+7 快捷键，创建剪切蒙版，效果如图 10-30 所示。

图 10-29　复制矩形

图 10-30　剪切蒙版

步骤 10 打开之前制作的 Logo 文档，选择其中的标志，将其粘贴到当前文档中，再调整大小和位置，效果如图 10-31 所示。

步骤 11 使用 ▱（矩形工具）绘制矩形，填充与三角形一样的颜色，效果如图 10-32 所示。

图 10-31　移入 Logo

图 10-32　绘制矩形

步骤⑫ 使用◎（椭圆工具）绘制两个白色正圆，如图 10-33 所示。

步骤⑬ 使用Ｔ（文字工具）在右侧输入文字，至此名片正面制作完毕，效果如图 10-34 所示。

图 10-33　绘制正圆

图 10-34　名片正面

名片背面制作方法如下。

步骤① 框选整个名片，复制一个副本，删除上面的文字、正圆和标志，如图 10-35 所示。

步骤② 选择创建剪切蒙版的图形，执行菜单"对象 / 剪切蒙版 / 编辑内容"命令，进入编辑状态，选择白色正圆将其调大，效果如图 10-36 所示。

图 10-35　删除内容

图 10-36　编辑内容

步骤③ 编辑完毕，在文档空白处单击鼠标完成编辑。将两个小矩形选取后移动到中间位置，效果如图 10-37 所示。

步骤④ 打开之前制作的 Logo 文档，选择其中的标志，将其粘贴到当前文档中，再调整大小和位置，效果如图 10-38 所示。

图 10-37　移动图形

图 10-38　移入 Logo

步骤⑤ 使用Ｔ（文字工具）输入文字，在"字符"面板中设置字距为 200，效果如图 10-39 所示。

步骤⑥ 至此本例制作完毕，效果如图 10-40 所示。

图 10-39　调整字距

图 10-40　名片背面

实例 67 纸杯设计

实例思路

　　对于一个餐饮企业来说，纸杯不但是用来装液体的用具，还是企业作为对外宣传的一种载体。本实例的纸杯配色以标志中的棕色、黑色作为辅助色。展开效果主要以椭圆和直线之间的分割作为形状，再移入标志和为曲线进行描边；纸杯正视图从矩形更改而来，填充渐变色后移入素材并描边曲线，最后通过剪切蒙版制作最终效果，具体操作流程如图 10-41 所示。

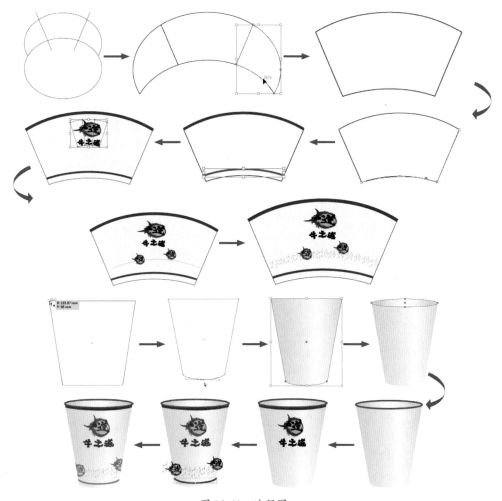

图 10-41　流程图

实例要点

- ▶ 新建文档
- ▶ 绘制椭圆和直线段
- ▶ 应用路径查找器中的"分割"功能
- ▶ 应用"在所选锚点处剪切路径"命令
- ▶ 移入标志
- ▶ 应用"用变形重置"命令

▶️ 用画笔描边路径　　　　　　　　　▶️ 调整不透明度
▶️ 使用"渐变"面板设置渐变色　　　　▶️ 应用"剪切蒙版"命令

操作步骤

纸杯展开图的制作方法如下。

步骤01 执行菜单"文件 / 新建"命令或按 Ctrl+N 快捷键，打开"新建文档"对话框，所有参数都采用默认选项，单击"确定"按钮，新建一个空白文档。

步骤02 使用◯（椭圆工具）在文档中绘制两个椭圆形，再使用╱（直线段工具）绘制两条线段，效果如图 10-42 所示。

步骤03 使用▶（选择工具）框选绘制的所有图形，在"路径查找器"面板中单击▣（分割）按钮，效果如图 10-43 所示。

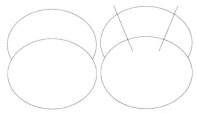
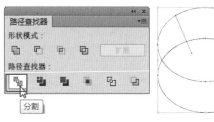

图 10-42　绘制椭圆和直线段　　　　　　　　图 10-43　分割

步骤04 执行菜单"对象 / 取消编组"命令或按 Ctrl+Shift+G 快捷键，选择多余的图形，按 Delete 键将其删除，效果如图 10-44 所示。

步骤05 按 Ctrl+C 快捷键复制图形，再按 Ctrl+V 快捷键复制一个副本，如图 10-45 所示。

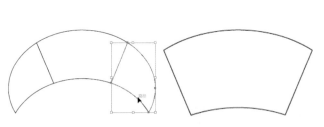
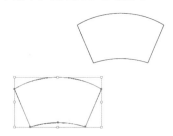

图 10-44　删除多余的图形　　　　　　　　图 10-45　复制一个副本

步骤06 使用▶（直接选择工具），在右上角的锚点上单击▣（在所选锚点处剪切路径）按钮，将封闭图形的路径拆分，效果如图 10-46 所示。

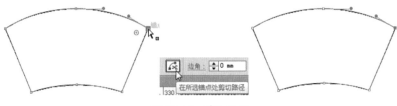

图 10-46　剪切路径

步骤 07 使用同样的方法，将左上角、右下角和左下角将路径剪切，效果如图 10-47 所示。

步骤 08 删除两边的斜线，效果如图 10-48 所示。

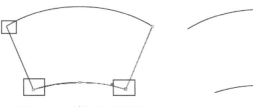

图 10-47　剪切路径效果　　　　　　图 10-48　删除图形

步骤 09 将上面的弧线移动到另一个图形的上面，设置"描边"为 5pt、描边颜色为（C40，M65，Y90，K35），效果如图 10-49 所示。

步骤 10 使用同样的方法将下面的弧线进行调整，设置"描边"为 3pt、描边颜色为（C40，M65，Y90，K35），如图 10-50 所示。

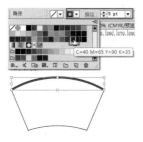

图 10-49　设置描边　　　　　　　图 10-50　设置描边

步骤 11 选择扇形区域，将其填充为"淡灰色"，效果如图 10-51 所示。

步骤 12 打开之前制作的 Logo。将图标复制到扇形区域上，效果如图 10-52 所示。

图 10-51　填充颜色　　　　　　　图 10-52　移入标志

步骤 13 执行菜单"对象／封套扭曲／用变形重置"命令，打开"变形选项"对话框，设置"样式"为"弧形"、选择"水平"单选按钮，"弯曲"设置为 20%，其他参数为默认值，如图 10-53 所示。

步骤 14 设置完毕单击"确定"按钮，效果如图 10-54 所示。

图 10-53　变形选项　　　　　　　图 10-54　变形后

步骤⑮ 打开之前制作的 Logo 将图标复制到扇形区域上，删除文字，之后再复制一个副本，效果如图 10-55 所示。

图 10-55　移入标志

步骤⑯ 使用 （曲率工具）绘制一个曲线，设置"描边"为 0.25pt，效果如图 10-56 所示。

图 10-56　绘制曲线

步骤⑰ 执行菜单"窗口/画笔库/装饰/装饰_散布"命令，打开"装饰_散布"面板，在其中的"点环"上单击，为绘制的曲线描边，效果如图 10-57 所示。

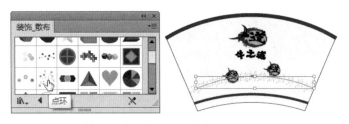

图 10-57　描边

步骤⑱ 此时纸杯展开效果制作完毕，效果如图 10-58 所示。

图 10-58　展开纸杯

纸杯正视图的制作。

步骤⓿ 使用 （矩形工具）在文档中单击绘制一个矩形，再使用 （直接选择工具）将矩形调整为梯形效果，如图 10-59 所示。

步骤⓿ 使用 （添加锚点工具）在路径上单击添加锚点，再使用 （直接选择工具）调整形状，效果如图 10-60 所示。

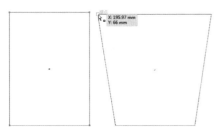
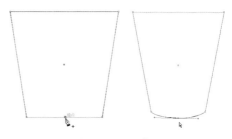

图 10-59　绘制矩形并调整为梯形　　　　　　　　图 10-60　调整形状

步骤03 执行菜单"窗口 / 渐变"命令，打开"渐变"面板，设置"灰色、白色和灰色"的线性渐变，去掉轮廓，效果如图 10-61 所示。

步骤04 使用 （椭圆工具）在杯身上部绘制白色椭圆，效果如图 10-62 所示。

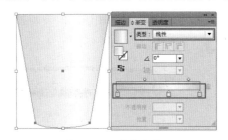

图 10-61　填充渐变　　　　　　　　图 10-62　绘制椭圆

步骤05 选择椭圆，在"渐变"面板中"白色、灰色"的径向渐变，效果如图 10-63 所示。

步骤06 复制椭圆得到一个副本，将副本的填充颜色设置为"无"、描边颜色设置为（C40，M65，Y90，K35）、"描边"设置为 2pt，效果如图 10-64 所示。

图 10-63　设置渐变　　　　　　　　图 10-64　设置轮廓

步骤07 再复制一个副本，设置描边颜色设置为（C25，M25，Y40，K0）、"描边"设置为 0.5pt，效果如图 10-65 所示。

图 10-65　设置描边

步骤08 执行菜单"效果 / 模糊 / 高斯模糊"命令，打开"高斯模糊"对话框，其中的参数值设置如图 10-66 所示。

步骤 09 设置完毕单击"确定"按钮,效果如图 10-67 所示。

图 10-66 "高斯模糊"对话框　　　图 10-67 杯口

步骤 10 使用 ✐(钢笔工具)绘制一条曲线,设置描边颜色为(C40,M65,Y90,K35)、"描边"为 3pt,效果如图 10-68 所示。

步骤 11 执行菜单"对象/扩展"命令,将绘制的曲线转换成图形,效果如图 10-69 所示。

图 10-68 绘制曲线　　　　　　　图 10-69 扩展

步骤 12 使用 ▶(直接选择工具)调整锚点,将其与后面的图形对齐,效果如图 10-70 所示。

步骤 13 按 Ctrl+[快捷键两次向后调整顺序,效果如图 10-71 所示。

步骤 14 打开之前制作的 Logo,将图标复制到杯子上,效果如图 10-72 所示。

图 10-70 调整锚点　　　　图 10-71 调整顺序　　图 10-72 移入标志

步骤 15 在"透明度"面板中,设置"不透明度"为 74%,效果如图 10-73 所示。

图 10-73 透明度

步骤 16 执行菜单"对象/封套扭曲/用变形重置"命令,打开"变形选项"对话框,设置"样式"为"弧形"、选择"水平"单选按钮、"弯曲"设置为 -5%，其他参数为默认值，如图 10-74 所示。

步骤⑰ 设置完毕单击"确定"按钮，效果如图 10-75 所示。

步骤⑱ 打开之前制作的 Logo，将图标复制到扇形区域上，删除文字，之后再复制一个副本，效果如图 10-76 所示。

步骤⑲ 使用 ☑（曲率工具）绘制一个曲线，设置"粗细"为0.25pt，效果如图 10-77 所示。

图 10-74　"变形选项"对话框

图 10-75　变形后

图 10-76　移入标志

图 10-77　绘制曲线

步骤⑳ 在"装饰 - 散布"面板中，单击"点环"，为绘制的曲线描边，效果如图 10-78 所示。

步骤㉑ 使用 ☑（钢笔工具）绘制曲线，设置描边颜色为（C40，M65，Y90，K35）、"描边"设置为 2pt，效果如图 10-79 所示。

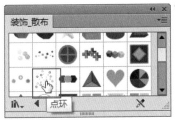

图 10-78　描边

图 10-79　绘制曲线

步骤㉒ 选择下面的两个标志和描边，设置"不透明度"为 50%，效果如图 10-80 所示。

步骤㉓ 使用 ☑（钢笔工具）绘制一个封闭的梯形，如图 10-81 所示。

步骤㉔ 将梯形、标志、描边一同选取，执行菜单"对象 / 剪切蒙版 / 建立"命令，创建剪切蒙版，至此本例制作完毕，效果如图 10-82 所示。

图 10-80　不透明度

图 10-81　绘制图形

图 10-82　最终效果

实例 68　工作 T 恤设计

实例思路　--

　　任何一个餐饮企业的服务员都会有自己的工作服，本例就是为餐厅服务员设计一款 T 恤作为工作服。本实例用 ![钢笔] （钢笔工具）绘制衣服的外轮廓形状，再通过 ![实时上色] （实时上色工具）为局部进行颜色填充，移入标志，改变文字颜色，具体流程操作如图 10-83 所示。

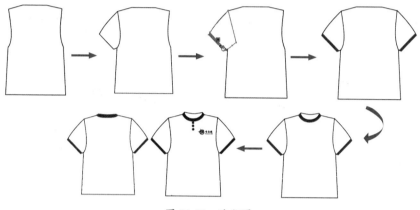

图 10-83　流程图

实例要点　--

▶ 新建文档　　　　　　　　　　　　▶ 镜像复制

▶ 使用钢笔工具绘制路径　　　　　　▶ 移入素材

▶ 调整顺序　　　　　　　　　　　　▶ 为文字改色

▶ 使用实时上色工具为局部上色

操作步骤　--

　　工作 T 恤主体的制作方法如下。

步骤 01　执行菜单"文件 / 新建"命令或按 Ctrl+N 快捷键，打开"新建文档"对话框，所有参数都采用默认选项，单击"确定"按钮，新建一个空白文档。

步骤 02　使用 ![钢笔] （钢笔工具）文档中绘制 T 恤的主体，如图 10-84 所示。

图 10-84　绘制 T 恤主体

工作 T 恤袖子的制作方法如下。

步骤01 使用 (钢笔工具) 在主体处绘制路径,按 Shift+Ctrl+] 快捷键将其放置到最后面,效果如图 10-85 所示。

步骤02 在袖口处绘制一条虚线,效果如图 10-86 所示。

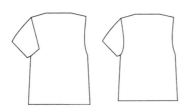
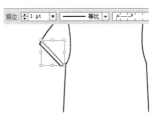

图 10-85　绘制袖子并调整顺序　　　　图 10-86　绘制虚线

> **技巧**:为线条制作虚线效果,还可以在"描边"面板中勾选"虚线"复选框,设置参数值来得到具体虚线。

步骤03 框选袖子和虚线,将填充色设置为"铁红色",使用 (实时上色工具) 在虚线与袖口交叉的封闭区域单击进行填充,效果如图 10-87 所示。

步骤04 双击 (镜像工具),打开"镜像"对话框,选择"垂直"单选按钮,单击"复制"按钮,效果如图 10-88 所示。

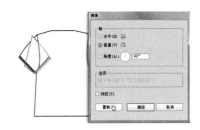

图 10-87　上色　　　　　　　　图 10-88　复制

步骤05 移动副本到另一边,此时袖子制作完毕,效果如图 10-89 所示。

工作 T 恤领口的制作方法如下。

步骤01 绘制椭圆,使用 (直接选择工具) 调整椭圆形状,将其填充为铁红色,效果如图 10-90 所示。

图 10-89　移动副本　　　　图 10-90　绘制椭圆并调整形状

步骤02 复制领口,将其缩小后填充白色调整形状,完成领口的制作,效果如图 10-91 所示。

工作扣子以及企业标志制作方法如下。

步骤01 打开之前制作的 Logo，将文字填充铁红色，如图 10-92 所示。

步骤02 绘制红色扣子，复制出两个副本，至此正面制作完毕，效果如图 10-93 所示。

工作 T 恤背面的制作方法如下。

步骤03 复制主体和袖子后，使用 （钢笔工具）绘制领口背面，填充铁红色，至此背面制作完毕，效果如图 10-94 所示。

图 10-91　变换副本填充白色　　图 10-92　标志　　图 10-93　正面　　图 10-94　背面

 实例 69　烟灰缸设计

（实例思路） --

　　烟灰缸可以从正视图和一个效果图来凸显设计效果。本实例将绘制的矩形调整成圆角矩形，绘制椭圆后应用"减去顶层"功能来编辑图形，移入标志制作正视图；效果图是使用 （椭圆工具）绘制椭圆和 （圆角矩形工具）绘制圆角矩形，在"路径查找器"面板中进行编辑，为编辑后的图形填充渐变色，移入标志并应用"用变形重置"命令，具体操作流程如图 10-95 所示。

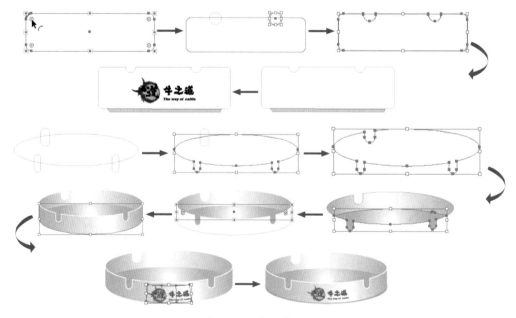

图 10-95　流程图

（**实例要点**）--

▶▶ 新建文档　　　　　　　　　　　　　　　▶▶ 应用"用变形重置"命令

▶▶ 应用"减去顶层"功能　　　　　　　　　　▶▶ 绘制矩形并调整成圆角矩形

▶▶ 在"路径查找器"面板中进行编辑　　　　　▶▶ 调整不透明度

▶▶ 使用"渐变"面板填充渐变色　　　　　　　▶▶ 应用"高斯模糊"命令

（**操作步骤**）--

　　烟灰缸正视图的制作方法如下。

步骤01 执行菜单"文件/新建"命令或按 Ctrl+N 快捷键，打开"新建文档"对话框，所有参数都采用默认选项，单击"确定"按钮，新建一个空白文档。

步骤02 使用■（矩形工具）在文档中绘制一个矩形，拖动圆角控制点，将其调整成圆角矩形，如图 10-96 所示。

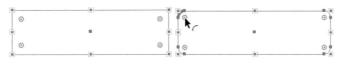

图 10-96　绘制矩形

步骤03 使用■（椭圆工具）绘制两个椭圆形，效果如图 10-97 所示。

图 10-97　绘制椭圆

步骤04 框选所有对象，在"路径查找器"面板中单击■（减去顶层）按钮，效果如图 10-98 所示。

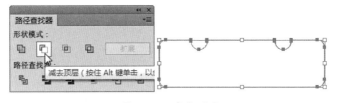

图 10-98　减去顶层

步骤05 使用■（钢笔工具）在底部绘制一个灰色梯形，效果如图 10-99 所示。

步骤06 打开之前制作的 Logo，将其复制到烟灰缸正视图上，效果如图 10-100 所示。

图 10-99　绘制梯形　　　　　　　　图 10-100　正视图

烟灰缸效果图的制作方法如下。

步骤01 使用  （椭圆工具）绘制一个椭圆，再使用 （圆角矩形工具）绘制三个圆角矩形，效果如图 10-101 所示。

步骤02 选择椭圆和下面的两个矩形，在"路径查找器"面板中单击 （联集）按钮，效果如图 10-102 所示。

图 10-101 绘制椭圆和圆角矩形

图 10-102 联集

步骤03 再将上面的圆角矩形一同选取，在"路径查找器"面板中单击 （减去后方的对象）按钮，效果如图 10-103 所示。

图 10-103 减去后方的对象

步骤04 在"渐变"面板中，为图形填充"灰色、白色、灰色"的线性渐变，效果如图 10-104 所示。

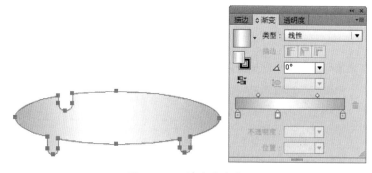

图 10-104 填充渐变色

步骤05 复制一个副本，使用 （椭圆工具）绘制一个椭圆形，效果如图 10-105 所示。

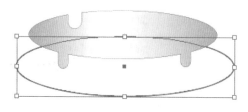

图 10-105 绘制椭圆

步骤 06 将两个图形一同选取，在"路径查找器"面板中单击 ▣ （交集）按钮，效果如图 10-106 所示。

图 10-106　交集

步骤 07 将交集后的图形移动到合适位置，为其在"渐变"面板中设置渐变色，效果如图 10-107 所示。

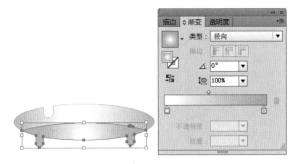

图 10-107　设置渐变

步骤 08 选择上部的图形，复制一个副本，将填充颜色设置为"无"、描边颜色设置为白色、"描边"为 1pt，效果如图 10-108 所示。

步骤 09 使用 ▣ （椭圆工具）绘制一个椭圆形，再使用 ▣ （矩形工具）绘制一个矩形，效果如图 10-109 所示。

图 10-108　复制后设置描边

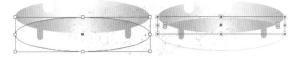

图 10-109　绘制椭圆和矩形

步骤 10 将椭圆和矩形一同选取，在"路径查找器"面板中单击 ▣ （联集）按钮，将其变为一个对象，在"渐变"面板中为其设置渐变色，去掉轮廓，效果如图 10-110 所示。

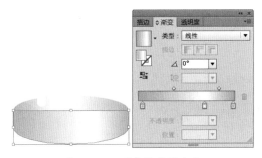

图 10-110　联集并设置渐变

步骤⑪ 按 Ctrl+Shift+[快捷键，将其调整到最底层，效果如图 10-111 所示。

步骤⑫ 复制一个 Logo，将其调整到烟灰缸的正面，再降低一些透明度，效果如图 10-112 所示。

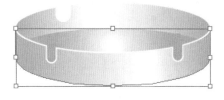

图 10-111　调整顺序

图 10-112　复制 Logo

步骤⑬ 执行菜单"对象 / 封套扭曲 / 用变形重置"命令，打开"变形选项"对话框，设置"样式"为"弧形"，选择"水平"单选按钮，"弯曲"设置为 -7%，其他参数为默认值，如图 10-113 所示。

步骤⑭ 设置完毕单击"确定"按钮，效果如图 10-114 所示。

图 10-113　"变形选项"对话框

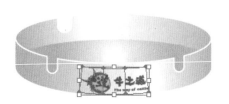

图 10-114　变形后

步骤⑮ 使用 ◯（椭圆工具）绘制一个黑色椭圆，效果如图 10-115 所示。

步骤⑯ 执行菜单"效果 / 模糊 / 高斯模糊"命令，打开"高斯模糊"对话框，其中的参数值设置如图 10-116 所示。

图 10-115　绘制椭圆

图 10-116　高斯模糊

步骤⑰ 设置完毕单击"确定"按钮，设置"不透明度"为 57%，效果如图 10-117 所示。

步骤⑱ 按 Ctrl+Shift+[快捷键将黑色椭圆放置到最底层，至此本例制作完毕，效果如图 10-118 所示。

图 10-117　高斯模糊后

图 10-118　最终效果

实例 70　餐巾纸盒正面设计

（实例思路） --

　　餐饮企业是离不开餐巾纸的，设计一款餐巾纸盒是非常必要的。本实例用 ■（矩形工具）绘制矩形后，再使用 ▨（平滑工具）将矩形平滑处理，使用 ▣（圆角矩形工具）绘制圆角矩形并设虚线，具体操作流程如图 10-119 所示。

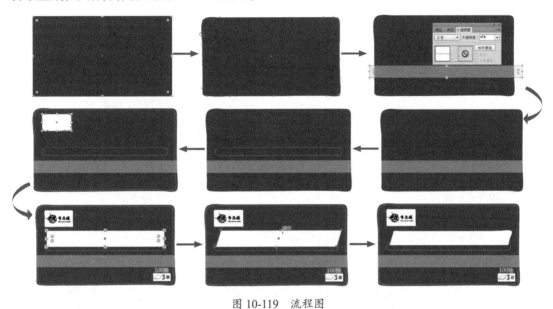

图 10-119　流程图

（实例要点） --

▶▶ 新建文档　　　　　　　　　　　　　　▶▶ 复制副本

▶▶ 使用矩形工具绘制矩形　　　　　　　　▶▶ 用斜切工具处理矩形

▶▶ 使用平滑工具调整矩形边缘　　　　　　▶▶ 调整不透明度

▶▶ 创建剪切蒙版

（操作步骤） --

步骤 01 执行菜单"文件 / 新建"命令或按 Ctrl+N 快捷键，打开"新建文档"对话框，所有参数都采用默认选项，单击"确定"按钮，新建一个空白文档。

步骤 02 使用 ■（矩形工具）文档中绘制矩形，设置填充颜色为（C40，M65，Y90，K35），如图 10-120 所示。

步骤 03 使用 ▨（平滑工具）在矩形边缘处涂抹，效果如图 10-121 所示。

图 10-120　绘制矩形

图 10-121　平滑边缘

步骤04 使用 ▣（矩形工具）绘制一个灰色矩形，效果如图 10-122 所示。

步骤05 在"透明度"面板中，设置"不透明度"为 47%，效果如图 10-123 所示。

图 10-122　绘制矩形

图 10-123　设置不透明度

步骤06 选择后面的大矩形，复制一个副本，按 Ctrl+Shift+] 快捷键将其放置到最顶层，效果如图 10-124 所示。

步骤07 将其与后面的透明矩形一同选取，执行菜单"对象 / 剪切蒙版 / 建立"命令或按 Ctrl+7 快捷键，创建剪切蒙版，效果如图 10-125 所示。

图 10-124　复制并调整顺序

图 10-125　创建剪切蒙版

步骤08 使用 ▣（圆角矩形工具）在矩形上绘制一个圆角矩形，设置描边颜色为"灰色"，效果如图 10-126 所示。

步骤09 执行菜单"窗口 / 描边"命令，打开"描边"面板，勾选"虚线"复选框，在第一个文本框中输入 2.5pt，效果如图 10-127 所示。

图 10-126　绘制圆角矩形

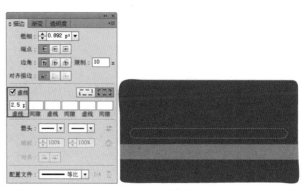
图 10-127　设置虚线

步骤⑩ 再复制后面的大矩形，将填充颜色设置为"无"、描边颜色设置为（C25，M40，Y65，K0），将其缩小一点，效果如图 10-128 所示。

步骤⑪ 再复制后面的大矩形，将填充颜色设置为"白色"，将其缩小，效果如图 10-129 所示。

图 10-128　复制　　　　　　　　　　　图 10-129　复制

步骤⑫ 打开之前制作的 Logo，复制到白色矩形上并调整大小，效果如图 10-130 所示。

步骤⑬ 复制白色矩形，将副本移动到右下角，使用 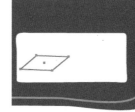（钢笔工具）绘制图形，效果如图 10-131 所示。

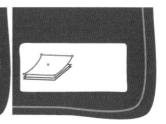

图 10-130　移入素材　　　　　　　　图 10-131　绘制图形

步骤⑭ 使用 T（文字工具）输入文字，效果如图 10-132 所示。

图 10-132　输入文字

步骤⑮ 使用 □（矩形工具）绘制一个矩形，使用 ☑（倾斜工具）将矩形调整成平行四边形，效果如图 10-133 所示。

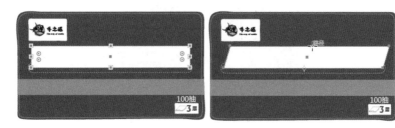

图 10-133　倾斜

步骤⑯ 使用 （平滑工具）在平行四边形的顶部边缘处涂抹，至此本例制作完毕，效果如图 10-134 所示。

图 10-134　最终效果

实例 71　手提袋设计

（实例思路）

手提袋不仅可以作为拎东西使用的袋子，还可以作为本公司的宣传载体。本实例用▣（矩形工具）绘制矩形后并对其使用▨（倾斜工具）进行斜切处理，再使用▨（钢笔工具）绘制图形并调整顺序，以此来制作手提袋效果，具体操作流程如图 10-135 所示。

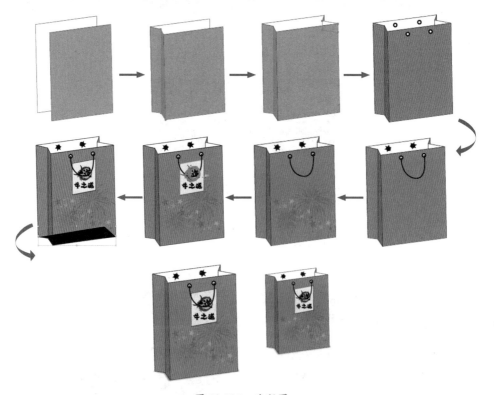

图 10-135　流程图

实例要点 ---

▶ 新建文档   ▶ 插入符号
▶ 使用矩形工具绘制矩形   ▶ 调整图形顺序
▶ 使用斜切工具斜切处理图形   ▶ 应用"高斯模糊"命令

操作步骤 ---

手提袋体的制作方法如下。

步骤01 执行菜单"文件/新建"命令，新建一个空白文档，使用▢（矩形工具）在文档中绘制一个矩形，再使用▨（倾斜工具）对矩形进行斜切处理，效果如图 10-136 所示。

步骤02 按住 Alt 键向右下角拖动，松开鼠标后复制一个副本，将副本填充为橘黄色，如图 10-137 所示。

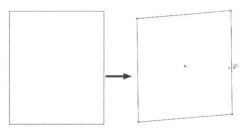 

图 10-136　绘制矩形并进行斜切处理　　　图 10-137　复制并填充颜色

步骤03 使用▨（钢笔工具）在正面与背面处绘制袋体侧身，填充橘黄色和稍深一些的颜色，效果如图 10-138 所示。

步骤04 再使用▨（钢笔工具）绘制另一侧面填充"橘黄色"和"白色"，调整顺序，效果如图 10-139 所示。

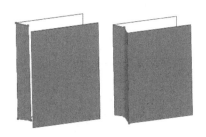 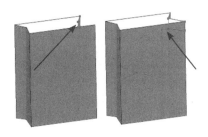

图 10-138　绘制路径填充颜色　　　　　图 10-139　绘制侧面

手提袋环和袋绳的制作方法如下。

步骤01 使用◯（椭圆工具）绘制正圆，设置"描边"为 4pt, 效果如图 10-140 所示。

步骤02 执行菜单"对象/路径/轮廓化描边"命令，复制 3 个圆环并移到纸袋右侧和内侧，效果如图 10-141 所示。

图 10-140　绘制正圆　　　　图 10-141　复制

步骤03 使用　（钢笔工具）绘制黑色直线，在"描边"面板中，设置粗细和两端的箭头，效果如图 10-142 所示。

步骤04 复制一个箭头移动到另一个圆孔处，使用　（钢笔工具）绘制黑色袋绳，设置"描边"宽度为 3pt，效果如图 10-143 所示。

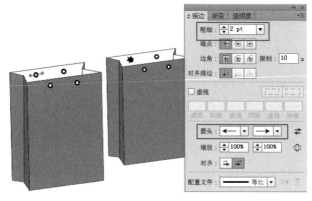

图 10-142　绘制直线添加箭头　　　　　　　图 10-143　袋绳

手提袋修饰的制作方法如下。

步骤01 执行菜单"窗口/符号库/庆祝"命令，打开"庆祝"符号面板，将其中的"五彩纸屑"和"焰火"符号拖曳到纸袋上面，效果如图 10-144 所示。

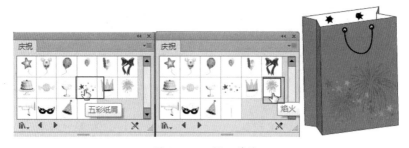

图 10-144　插入符号

步骤02 使用　（矩形工具）绘制一个灰色矩形，打开之前制作的 Logo，将其复制到文档中，缩小后放置到矩形上，效果如图 10-145 所示。

步骤03 将矩形和标志一同选取后，按 Ctrl+G 快捷键将其编组，再将其移动到纸袋上，使用　（倾斜工具）将图标斜切处理，效果如图 10-146 所示。

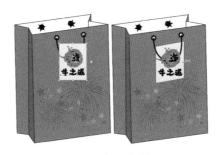

图 10-145　移入标志　　　　图 10-146　移动并斜切处理

步骤04 按 Ctrl+[快捷键将标志向后移动，将其放置到袋绳的后面，效果如图 10-147 所示。

步骤05 使用 📷（钢笔工具）绘制黑色图形，效果如图 10-148 所示。

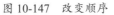

图 10-147　改变顺序　　　　图 10-148　绘制图形

步骤06 执行菜单"效果 / 模糊 / 高斯模糊"命令，打开"高斯模糊"对话框，设置"半径"为"8 像素"，设置完毕单击"确定"按钮，设置"不透明度"为 51%，效果如图 10-149 所示。

步骤07 设置完毕单击"确定"按钮，按 Ctrl+Shift+[快捷键将其放置到最底层，至此本例制作完毕，效果如图 10-150 所示。

图 10-149　高斯模糊　　　　图 10-150　最终效果

第 11 章

海报广告设计

海报广告设计是一种职业，是在计算机平面设计技术应用的基础上，随着广告行业发展所形成的一个新职业。该职业的主要特征是对图像、文字、色彩、版面、图形等表达广告的元素，结合广告媒体的使用特征，在计算机上通过相关设计软件来为实现广告目的和意图，所进行平面艺术创意的一种设计活动或过程。

所谓广告海报设计，是指从创意到制作的这个中间过程。海报设计是广告的主题、创意、语言文字、形象、衬托等五个要素构成的组合。海报设计的最终目的就是通过广告来达到吸引眼球的目的。

本章就为大家精心设计了三个不同行业的海报广告，分别是公益海报、电影海报和文化海报。

本章内容

▶▶ 公益海报　　　　▶▶ 文化海报

▶▶ 电影海报

学习广告海报设计，应对以下几点进行了解：

（1）海报广告设计的 3I 要求　　　　　　　（3）海报广告分类

（2）设计形式

1. 海报广告设计的 3I 要求

● Impact（冲击力）：从视觉表现的角度来衡量，视觉效果是吸引读者并传达产品的利益点，一则成功的平面广告在画面上应该有非常强的吸引力，彩色运用科学、搭配合理，图片运用准确并且有吸引力。

● Information（信息内容）：一则成功的平面广告是通过简单清晰和明了的信息内容准确传递利益要点。广告信息内容要能够系统化地融合消费者的需求点、利益点和支持点等沟通要素。

● Image（品牌形象）：从品牌的定位策略来衡量，一则成功的平面广告画面应该符合稳定、统一的品牌个性和品牌定位策略；在同一宣传主题下面的不同广告版本，其创作表现的风格和整体表现应该保持一致和连贯性。

2. 设计形式

● 店内海报设计：店内海报通常应用于营业店面内，做店内装饰和宣传用途。店内海报的设计需要考虑店内的整体风格、色调及营业的内容，力求与环境相融。

● 招商海报设计：招商海报通常以商业宣传为目的，以引人注目的视觉效果达到宣传某种商品或服务的目的。设计时要表现商业主题、突出重点，不宜太花哨。

● 展览海报设计：展览海报主要用于展览会的宣传，常分布于街道、影剧院、展览会、商业闹区、车站、码头、公园等公共场所。它具有传播信息的作用，涉及内容广泛，艺术表现力丰富，远视效果强。

● 平面海报设计：平面海报设计不同于海报设计，它是单体的、独立的一种海报广告文案，这种海报往往需要更多的抽象表达。平面海报设计时没有那么多的拘束，可以是随意的一笔，只要能表达出宣传的主体就很好。所以平面海报设计是比较受现代广告界青睐的一种低成本、观赏力强的画报。

3. 海报广告分类

海报按其应用不同，大致可以分为商业海报、文化海报、电影海报和公益海报等，这里对它们作大概的介绍。

● 商业海报：商业海报是指宣传商品或商业服务的商业广告性海报。商业海报的设计，要恰当地配合产品的格调和受众对象。

● 文化海报：文化海报是指各种社会文娱活动及各类展览的宣传海报。展览的种类很多，不同的展览都有它各自的特点，设计师需要了解展览和活动的内容，才能运用恰当的方法表现其内容和风格。

● 电影海报：电影海报是海报的分支，主要起到吸引观众注意、刺激电影票房收入的作用，与戏剧海报、文化海报等有几分类似。

● 公益海报：社会公益海报是带有一定思想性的。这类海报具有特定的对公众的教育意义，其海报主题包括各种社会道德的宣传，政治思想的宣传，或弘扬爱心奉献、共同进步的精神等。

4. 海报广告设计欣赏

 实例72　公益海报

（实例思路） --

公益海报在设计时分为直版和横版两种，根据设计的内容来选择适合的版式。本例以人类工业区和动物生活区的面积大小对比来表现动物生活区域越来越小的现实状态，首先使用■（矩形工具）绘制矩形后为其填充渐变色，置入素材并调整大小，为素材添加投影、制作蒙版、添加剪切蒙版等来制作最终效果，具体操作流程如图 11-1 所示。

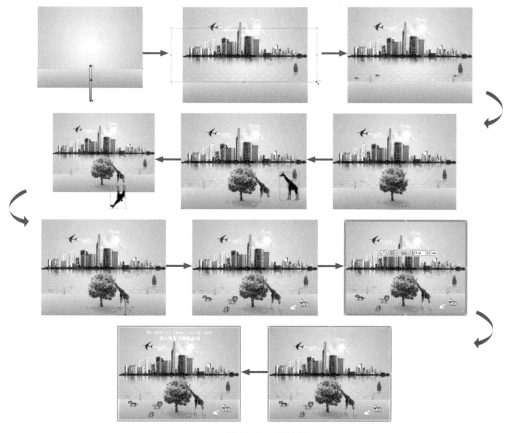

图 11-1 流程图

（实例要点）

▶▶ 新建文档　　　　　　　　　　　　▶▶ 移入符号

▶▶ 使用矩形工具绘制矩形　　　　　　▶▶ 使用图像描摹制作剪影

▶▶ 使用渐变面板设置渐变　　　　　　▶▶ 扩展剪影

▶▶ 置入素材　　　　　　　　　　　　▶▶ 镜像翻转

▶▶ 创建剪切蒙版　　　　　　　　　　▶▶ 制作蒙版

▶▶ 添加投影

（操作步骤）

步骤 01 执行菜单"文件/新建"命令或按 Ctrl+N 快捷键，打开"新建文档"
对话框，所有参数都采用默认选项，单击"确定"按钮，新建一个空白文档。

步骤 02 使用 ▢（矩形工具）在页面中单击，弹出"矩形"对话框，新建一个"宽
度"为 180mm、"高度"为 135mm 的矩形，如图 11-2 所示。

图 11-2 绘制矩形

步骤03 执行菜单"窗口 / 渐变"命令，打开"渐变"面板，设置"类型"为"径向"，渐变色从左到右依次为（C0，M0，Y0，K5）、（C100，M0，Y0，K0），使用▥（渐变工具）对渐变色进行调整，如图 11-3 所示。

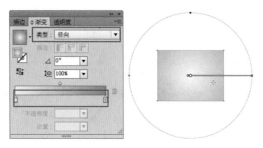

图 11-3 填充渐变色

步骤04 使用▥（矩形工具）在渐变矩形的底部绘制一个小矩形，在"渐变"面板，设置"类型"为"线性"、角度为 -90°，渐变色从左到右依次为（C0，M0，Y0，K10）、（C85，M10，Y100，K10），使用▥（渐变工具）对渐变色进行调整，如图 11-4 所示。

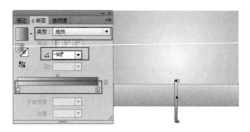

图 11-4 绘制矩形并填充渐变色

步骤05 执行菜单"文件 / 置入"命令，打开"置入"对话框，选择"素材 \ 第 11 章 \ 楼群 .png""阳光 .png""阳光 2.png""飞机 .png"和"云彩 .png"素材文件，如图 11-5 所示。

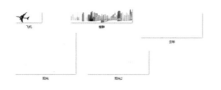

图 11-5 置入素材

步骤06 置入选择的素材后，将其调整大小、顺序和位置，效果如图 11-6 所示。

步骤07 执行菜单"文件 / 置入"命令，置入"素材 \ 第 11 章 \ 影 .png"素材文件，调整的位置和效果，如图 11-7 所示。

图 11-6 调整素材　　　　　　图 11-7 置入素材

步骤08 使用▣（矩形工具）在页面中绘制一个与渐变矩形大小一致的矩形，如图 11-8 所示。

步骤09 将矩形和"影"素材一同选取，执行菜单"对象 / 剪切蒙版 / 建立"命令或按 Ctrl+7 快捷键，为"影"创建剪切蒙版，效果如图 11-9 所示。

图 11-8　绘制矩形　　　　　图 11-9　剪切蒙版

步骤10 执行菜单"窗口 / 符号库 / 自然"命令，打开"自然"符号面板，选择其中的"草"和"鱼"符号，将其拖曳到页面中，效果如图 11-10 所示。

图 11-10　拖入符号

步骤11 选择拖入的"鱼"符号，执行菜单"窗口 / 透明度"命令，打开"透明度"面板，设置"不透明度"为 26%，效果如图 11-11 所示。

图 11-11　设置不透明度

步骤12 执行菜单"文件 / 置入"命令，置入"素材 \ 第 11 章 \ 大树 .png""叶子 .png"素材文件，调整大小和位置，如图 11-12 所示。

步骤13 选择"叶子"素材，执行菜单"效果 / 风格化 / 投影"命令，打开"投影"对话框，其中的参数值设置如图 11-13 所示。

图 11-12　置入素材　　　　　图 11-13　投影

步骤⑭ 投影后的效果如图 11-14 所示。

步骤⑮ 执行菜单"文件 / 置入"命令，置入"素材 \ 第 11 章 \ 长颈鹿 .png"素材文件，调整大小和位置，如图 11-15 所示。

图 11-14　添加投影后　　　　　图 11-15　置入素材

步骤⑯ 复制一个"长颈鹿"素材副本，在属性栏中单击"图像描摹"按钮，在下拉列表中选择"剪影"命令，效果如图 11-16 所示。

图 11-16　图像描摹

步骤⑰ 在属性栏中单击"扩展"按钮，效果如图 11-17 所示。

步骤⑱ 在工具箱中双击▣（镜像工具），打开"镜像"对话框，选择"水平"单选按钮，如图 11-18 所示。

图 11-17　扩展后　　　　　图 11-18　镜像

步骤⑲ 设置完毕单击"确定"按钮，将图形移动到长颈鹿的脚底，作为倒影效果，如图 11-19 所示。

步骤⑳ 使用▸（直接选择工具）调整倒影的脚底图形，按 Ctrl+[快捷键将其向后移动一层，效果如图 11-20 所示。

步骤㉑ 在"透明度"面板中，单击"制作蒙版"按钮，再选择蒙版缩略图，效果如图 11-21 所示。

图 11-19 镜像翻转

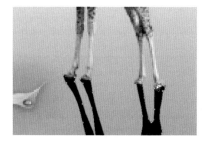
图 11-20 调整

图 11-21 制作蒙版

步骤②② 在长颈鹿的脚底处，使用 ▣（矩形工具）绘制一个黑色矩形，效果如图 11-22 所示。

图 11-22 在蒙版中绘制黑色矩形

步骤②③ 在"渐变"面板中，设置"类型"为"线性"，角度为 -90.6°，渐变色为"从白色到黑色"，使用 ▣（渐变工具）对渐变进行调整，效果如图 11-23 所示。

图 11-23 编辑渐变

步骤②④ 选择"原图"缩略图，执行菜单"文件/打开"命令或按 Ctrl+O 快捷键，打开"素材\第 11 章\小动物 .ai"素材文件，选择其中的小动物图形，将其复制到新建文档中并改变大小和位置，效果如图 11-24 所示。

步骤25 使用 ▣（矩形工具）在渐变矩形上绘制一个一样大小的矩形，设置填充颜色为"无"、描边颜色为"青色"、"描边"为9pt，效果如图11-25所示。

图 11-24　移入素材　　　　　　　　　图 11-25　绘制矩形

步骤26 在"透明度"面板中，设置混合模式为"滤色"，效果如图11-26所示。

图 11-26　设置混合模式

步骤27 使用 ▣（文字工具）在矩形的上端输入文字，至此本例制作完毕，效果如图11-27所示。

图 11-27　最终效果

实例73　电影海报

（实例思路） --

　　本例的电影海报是一款纪录片类型的海报，以一对老人作为海报中的人物，来体现出幸福陪伴的重要性。本例中以矩形和素材创建剪切蒙版，再在上面绘制矩形，设置"混合模式"和"不透明度"，输入文字后转换成图形，调整透视明度，其创建混合效果，具体操作流程如图11-28所示。

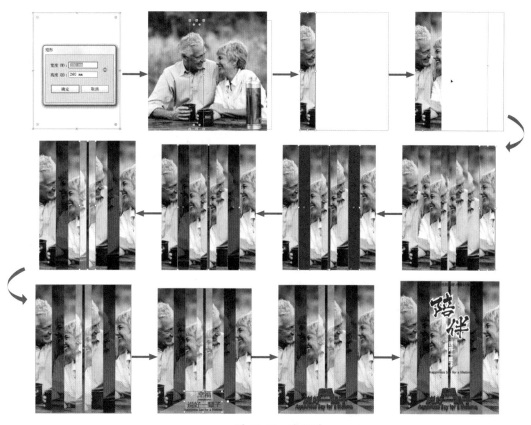

图 11-28 流程图

实例要点

▶▶ 新建文档
▶▶ 使用矩形工具绘制矩形
▶▶ 置入素材
▶▶ 创建剪切蒙版
▶▶ 设置混合模式和不透明度

▶▶ 输入文字
▶▶ 创建轮廓
▶▶ 创建混合
▶▶ 设置描边

操作步骤

步骤01 执行菜单"文件 / 新建"命令或按 Ctrl+N 快捷键，打开"新建文档"对话框，所有参数都采用默认选项，单击"确定"按钮，新建一个空白文档。

步骤02 使用 □（矩形工具）在页面中单击鼠标，弹出"矩形"对话框，新建一个"宽度"为200mm、"高度"为260mm 的矩形，如图 11-29 所示。

步骤03 执行菜单"文件 / 置入"命令，置入"素材 \ 第 11 章 \ 老人 .jpg"素材文件，调整的效果和位置，如图 11-30 所示。

图 11-29　绘制矩形　　　　图 11-30　置入素材

步骤04 使用 ▢（矩形工具）根据后面矩形的大高度，在素材上绘制一个矩形，效果如图 11-31 所示。
步骤05 将小矩形和素材一同选取，执行菜单"对象 / 剪切蒙版 / 建立"命令或按 Ctrl+7 快捷键，为素材创建剪切蒙版，效果如图 11-32 所示。

图 11-31　绘制矩形　　　　图 11-32　剪切蒙版

> 技巧：如果感觉图像位置不正确，可以执行菜单"对象 / 剪切蒙版 / 编辑内容"命令，进入到编辑状态，进行位置和大小的调整。

步骤06 按住 Alt 键向右拖动复制一个副本，执行菜单"窗口 / 图层"命令，打开"图层"面板，选择小矩形所在的图层，之后将小矩形缩小，效果如图 11-33 所示。
步骤07 再选择小矩形中的图像，调整其在矩形中的位置，如图 11-34 所示。

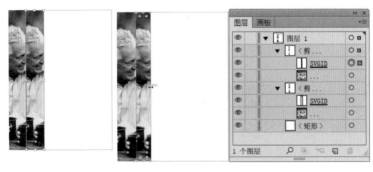

图 11-33　编辑矩形大小

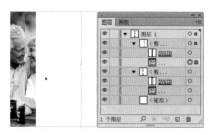

图 11-34　外发光

步骤08 使用同样的方法制作出其他小矩形与素材的剪切蒙版效果，如图 11-35 所示。

步骤09 使用■（矩形工具）在图像上绘制 3 个红色矩形，效果如图 11-36 所示。

图 11-35　制作剪切蒙版　　　　图 11-36　绘制矩形

步骤10 将 3 个红色矩形一同选取，在"透明度"面板中，设置混合模式为"正片叠底"，"不透明度"为 60%，效果如图 11-37 所示。

步骤11 使用■（矩形工具）在图像上绘制两个红色矩形，效果如图 11-38 所示。

图 11-37　设置透明度　　　　　　　图 11-38　绘制矩形

步骤12 将后绘制的两个矩形一同选取，在"透明度"面板中，设置混合模式为"滤色"，效果如图 11-39 所示。

步骤13 使用■（矩形工具）在图像上绘制一个与背景一样大小的灰色矩形，效果如图 11-40 所示。

图 11-39　设置混合模式　　　　　　图 11-40　绘制矩形

步骤⑭ 执行菜单"效果/素描/半调图案"命令，打开"半调图案"对话框，其中的参数值设置如图 11-41 所示。

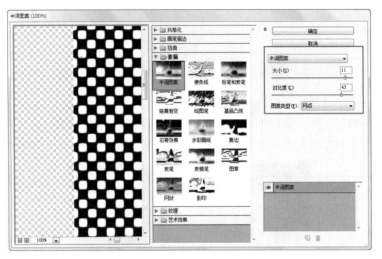

图 11-41　半调图案

步骤⑮ 设置完毕单击"确定"按钮，效果如图 11-42 所示。

步骤⑯ 在"透明度"面板中，单击"制作蒙版"按钮，选择"蒙版"缩略图，如图 11-43 所示。

图 11-42　半调图案后　　　图 11-43　制作蒙版

步骤⑰ 使用 ▣（矩形工具）在图像上绘制一个与背景一样大小的矩形，效果如图 11-44 所示。

步骤⑱ 在"渐变"面板中，设置"类型"为"线性"、角度为 90°、渐变色为"从白色到黑色"，效果如图 11-45 所示。

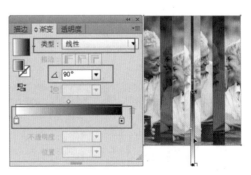

图 11-44　绘制矩形　　　　图 11-45　设置渐变

步骤⑲ 在"透明度"面板中,选择"原图"缩略图,设置"不透明度"为 37%,效果如图 11-46 所示。

图 11-46 设置不透明度

步骤⑳ 使用 (钢笔工具) 在底部绘制一个灰色三角形,设置"描边颜色"为"白色",效果如图 11-47 所示。

步骤㉑ 在"透明度"面板中,设置"不透明度"为 69%,效果如图 11-48 所示。

图 11-47 绘制三角形

图 11-48 设置不透明度

步骤㉒ 使用 (文字工具) 输入红色文字,效果如图 11-49 所示。

步骤㉓ 执行菜单"文字 / 创建轮廓"命令,将文字转换成图形,按 Ctrl+G 快捷键将其编组,效果如图 11-50 所示。

图 11-49 输入文字

图 11-50 创建轮廓

步骤㉔ 使用 (自由变换工具) 将文字图形进行透视调整,效果如图 11-51 所示。

步骤㉕ 使用 (选择工具) 按住 Alt 键向上拖动,复制两个副本,将最底层的图形文字填充"土黄色",效果如图 11-52 所示。

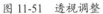

图 11-51　透视调整　　　　　　　图 11-52　复制

步骤 26　将中间的文字图形和最底层的文字图形一同选取，执行菜单"对象 / 混合 / 混合选项"命令，打开"混合选项"对话框，其中的参数值设置如图 11-53 所示。

步骤 27　执行菜单"对象 / 混合 / 建立"命令，为两个文字图形创建混合效果，如图 11-54 所示。

图 11-53　混合选项　　　　　　图 11-54　创建混合

步骤 28　执行菜单"效果 / 风格化 / 投影"命令，打开"投影"对话框，其中的参数值设置如图 11-55 所示。

步骤 29　设置完毕单击"确定"按钮，效果如图 11-56 所示。

图 11-55　投影　　　　　　图 11-56　添加投影

步骤 30　将顶层的文字图形移动到混合对象上面，设置填充颜色为"橙色、黄色"、描边颜色为"橙色"、"描边"为 1pt，效果如图 11-57 所示。

图 11-57　填充

步骤㉛ 在"透明度"面板中，设置"不透明度"为 37%，效果如图 11-58 所示。

图 11-58　设置不透明度

步骤㉜ 使用 T（文字工具）在页面中输入文字"陪伴"，设置文字颜色为"红色"，如图 11-59 所示。

步骤㉝ 执行菜单"文字 / 创建轮廓"命令，再按 Ctrl+Shift+G 快捷键，将文字转换成图形后取消编组，移动单个文字图形并调整大小和位置，如图 11-60 所示。

图 11-59　输入文字　图 11-60　创建轮廓并取消编组

步骤㉞ 为文字图形添加白色描边，设置"描边"为 5pt，效果如图 11-61 所示。

步骤㉟ 再使用 T（文字工具）输入剩余的文字，至此本例制作完毕，效果如图 11-62 所示。

图 11-61　添加描边　图 11-62　最终效果

实例 74　文化海报

（实例思路）---

　　本例中的文化海报所要表示的内容是我国的"信"文化，背景部分由我国的水墨画、古建筑组成；主体部分以墨点笔触结合书法文字来进行显示，使其更加符合我国的文化；修饰部分由文字和符号共同组成。案例主要以矩形和素材之间的"混合模式"和"不透明度"来调整背景部分，结合剪切蒙版和制作蒙版，插入符号并进行扩展和填充后，再使用 T（文字工具）输入文字并进行布局设置，流程图如图 11-63 所示。

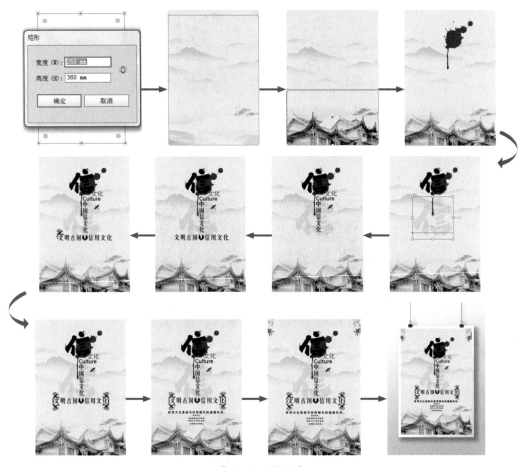

图 11-63 流程图

（实例要点）

▶ 新建文档

▶ 绘制矩形并应用"便条纸"滤镜

▶ 置入素材并应用混合模式

▶ 创建剪切蒙版

▶ 在"透明度"面板中制作蒙版

▶ 绘制矩形并设置不透明度

▶ 输入文字

▶ 插入符号

（操作步骤）

步骤 01 执行菜单"文件 / 新建"命令或按 Ctrl+N 快捷键，打开"新建文档"对话框，所有参数都采用默认选项，单击"确定"按钮，新建一个空白文档。

步骤02 使用 ▢（矩形工具）在页面中单击，弹出"矩形"对话框，新建一个"宽度"为 250mm、"高度"为 360mm 的矩形，如图 11-64 所示。

步骤03 执行菜单"滤镜/滤镜库"命令，打开滤镜库，在其中选择"素描/便条纸"选项，设置"图像平衡"为 30、"粒度"为 4、"凸现"为 20，如图 11-65 所示。

图 11-64　绘制矩形

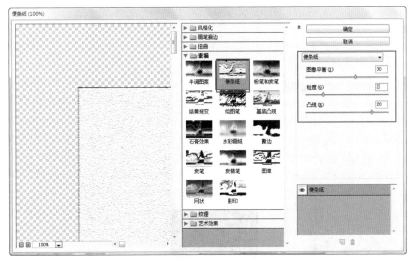

图 11-65　便条纸设置

步骤04 设置完毕单击"确定"按钮，效果如图 11-66 所示。

步骤05 使用 ▢（矩形工具）绘制一个与之前矩形大小一致的矩形，将其填充为"黑色"，设置"不透明度"为 5%，效果如图 11-67 所示。

步骤06 执行菜单"文件/置入"命令，置入"素材\第 11 章\水墨画 .jpg"素材文件，在矩形上拖曳，将素材的宽度拖曳成与矩形宽度一致，设置混合模式为"变暗"、"不透明度"为 49%，效果如图 11-68 所示。

图 11-66　应用便条纸后

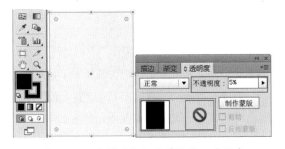

图 11-67　绘制黑色矩形并设置不透明度

图 11-68　置入素材

步骤07 执行菜单"文件/置入"命令，置入"素材\第 11 章\古建筑 .jpg"素材文件，在矩形上拖曳，将素材的宽度拖曳成与矩形宽度一致，再将其向下移动，设置混合模式为"颜色加深"，效果如图 11-69 所示。

步骤08 按 Ctrl+C 快捷键复制图形，再按 Ctrl+F 快捷键将副本贴在前面，效果如图 11-70 所示。

步骤09 使用 ▢（矩形工具）在矩形底部绘制一个矩形，再将矩形和后面的两张"古建筑"素材一同选取，效果如图 11-71 所示。

步骤⑩ 执行菜单"对象 / 剪切蒙版 / 建立"命令或按 Ctrl+7 快捷键，创建剪切蒙版，效果如图 11-72 所示。

图 11-69　置入素材

图 11-70　复制

图 11-71　绘制矩形

图 11-72　剪切蒙版

步骤⑪ 在"透明度"面板中单击"制作蒙版"按钮，再选择"蒙版"缩略图，如图 11-73 所示。

图 11-73　制作蒙版

步骤⑫ 使用 ▦（矩形工具）绘制一个矩形，在"渐变"面板中设置"类型"为"线性"、角度为 90°、渐变色为"从白色到黑色"，使用 ▦（渐变工具）调整渐变色，效果如图 11-74 所示。

步骤⑬ 在"透明度"面板中选择"原图"缩略图，执行菜单"窗口 / 符号库 / 污点矢量包"命令，打开"污点矢量包"符号面板，选择其中的一个污点符号，将其拖曳到页面中，如图 11-75 所示。

图 11-74　渐变编辑蒙版

图 11-75　移入污点

步骤⑭ 执行菜单"对象 / 扩展"命令,将符号扩展成图形,将黑色墨点填充"红色",效果如图 11-76 所示。

步骤⑮ 再移入一个污点符号,扩展后填充"红色",效果如图 11-77 所示。

图 11-76　扩展后填充　　　　图 11-77　移入符号扩展后填充

步骤⑯ 使用▣(文字工具)输入黑色文字,字体选择一个毛笔字体。复制一个文字,调整大小和位置后,设置"不透明度"为 8%,效果如图 11-78 所示。

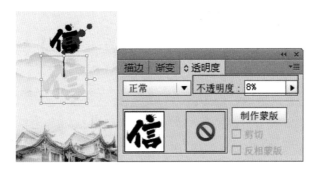

图 11-78　输入文字

步骤⑰ 使用▣(文字工具)输入黑色和蓝色文字,选择一个自己喜欢的字体,效果如图 11-79 所示。

步骤⑱ 执行菜单"窗口/符号库/自然"命令,打开"自然"符号面板,选择其中的"蜻蜓"符号,将其拖曳到页面中,扩展后填充"红色",效果如图 11-80 所示。

图 11-79　输入文字　　　　　图 11-80　移入符号扩展后填充

步骤⑲ 使用▣(文字工具)输入黑色文字,效果如图 11-81 所示。

步骤⑳ 执行菜单"窗口/符号库/至尊矢量包"命令,打开"至尊矢量包"符号面板,选择其中的"至尊矢量包 14"符号,将其拖曳到页面中,效果如图 11-82 所示。

图 11-81　输入文字　　　　　　　　　图 11-82　移入符号

步骤21 执行菜单"窗口/符号库/绚丽矢量包"命令,打开"绚丽矢量包"符号面板,选择其中的"绚丽矢量包 08"符号,将其拖曳到页面中,效果如图 11-83 所示。

步骤22 在工具箱中双击 (镜像工具),打开"镜像"对话框,选择"水平"单选按钮,单击"复制"按钮,镜像复制一个副本,向下移动副本位置,效果如图 11-84 所示。

图 11-83　移入符号　　　　　　　图 11-84　水平镜像复制

步骤23 选择两个"绚丽矢量包 08"符号,在工具箱中双击 (镜像工具),打开"镜像"对话框,选择"垂直"单选按钮,单击"复制"按钮,镜像复制一个副本,向下移动副本位置,效果如图 11-85 所示。

步骤24 使用 T (文字工具)输入黑色文字,效果如图 11-86 所示。

步骤25 执行菜单"文件/置入"命令,置入"素材\第 11 章\祥云 .png"素材文件,复制两个副本,分别调整大小,效果如图 11-87 所示。

图 11-85　垂直镜像复制

步骤26 执行菜单"文件/置入"命令,置入"素材\第 11 章\竹叶 .png"素材文件,镜像复制一个副本,分别调整位置和大小,效果如图 11-88 所示。

图 11-86　输入文字　　图 11-87　置入素材　　图 11-88　置入素材

步骤㉗ 使用 ▢（矩形工具）绘制一个矩形，将其与两个"竹叶"素材一同选取，效果如图 11-89 所示。

步骤㉘ 按 Ctrl+7 快捷键创建剪切蒙版，效果如图 11-90 所示。

步骤㉙ 执行菜单"文件 / 置入"命令，置入"素材 \ 第 11 章 \ 展板 .jpg"素材文件，将其放置到最底层，至此本例制作完毕，效果如图 11-91 所示。

图 11-89　选择

图 11-90　剪切蒙版

图 11-91　最终效果

12

第 12 章

UI 设计

UI（User Interface）即用户界面，UI 设计是指对软件的人机交互、操作逻辑、界面美观的整体设计。它是系统和用户之间进行交互和信息交换的媒介，可以实现信息的内部形式与人类可以接受形式之间的转换。好的 UI 设计，不仅是让软件变得有个性、有品位，还要让软件的操作变得舒适、简单、自由，充分体现软件的定位和特点。

本章内容

▶ 小鸟头像 UI ▶ 天气预报 UI
▶ 音乐播放界面

学习 UI 设计应对以下几点进行了解：

（1）UI 界面的分类　　　　　　　　（3）UI 界面的设计原则

（2）UI 界面的色彩基础

1. UI 界面的分类

UI 界面在设计时，根据界面的具体内容可以大体分为以下几类。

● 环境性界面：环境性 UI 界面所包含的内容非常广泛，涵盖政治、经济、文化、娱乐、科技、民族和宗教等领域。

● 功能性界面：功能性 UI 界面是最常见的网页类型，它的主要目的就是展示各种商品和服务的特性及功能，以吸引用户消费。我们常见的各种购物 UI 界面和各个公司的 UI 界面基本都属于功能性界面。

● 情感性界面：情感性界面并不是指 UI 内容，而是指界面通过配色和版式构建出某种强烈的情感氛围，引起浏览者的认同和共鸣，从而达到预期目的的一种表现手法。

2. UI 界面的色彩基础

UI 界面设计与其他的设计一样，也十分注重色彩的搭配。想要为界面搭配出专业的色彩，给人一种高端、上档次的感受，就需要对色彩基础知识有所了解。

视觉所感知的一切色彩形象，都具有明度、色相和纯度（饱和度）三种性质，这三种性质是色彩最基本的构成元素。

色彩主要分为两大类：有彩色和无彩色。有彩色是指诸如红、绿、蓝、青、洋红和黄等具有"色相"属性的颜色；无彩色则指黑、白和灰等中性色。

3. UI 界面的设计原则

UI 设计是一个系统化的设计工程，看似简单，其实在这套设计工程中一定要按照设计原则进行设计。UI 的设计原则主要有以下几点。

● 简易性：在整个 UI 设计的过程中，一定要注意设计的简易性，界面一定要简洁、易用且好用，让用户便于使用，便于了解，并能最大限度地减少选择性的错误。

● 一致性：一款成功的应用应该拥有一个优秀的界面，所有优秀界面具备的共同特点是，风格与实际应用内容一致。

● 提升用户的熟知度：用户在第一时间内接触到界面时，必须使用之前所接触到或者已掌握的知识，所以新的应用绝对不要超过一般常识，比如无论是拟物化的写实图标设计，还是扁平化的界面，都要以用户所掌握的知识为基准。

● 可控性：可控性在设计过程中起到了先觉性的一点，在设计之初就要考虑用户想要做什么，需要做什么，并在设计中加入相应的操控提示。

● 记性负担最小化：要科学地分配应用中的功能说明，力求操作最简化，从人脑的思维模式出发，不要打破传统的思维方式，不要给用户增加思维负担。

● 从用户的角度考虑：想用户所想，思用户所思，研究用户的行为。因为大多数的用户是不具备专业知识的，他们往往只习惯于从自身的行为习惯出发进行思考和操作，所以在设计的过程中把自己作为用户，以切身体会去设计。

● 顺序性：一款功能的应用应该在功能上按一定规律进行排列，一方面可以让用户在极短的时间内找到自己需要的功能，而另一方面可以拥有直观的简洁易用的感受。

● 安全性：任何应用，用户进行自由选择操作时，他所做出的动作都应该是可逆的，比如在用户做出一个不恰当或者错误操作的时候，应当有危险信息介入。

● 灵活性：快速、高效率及整体满意度在用户看来都是人性化的体验，在设计过程中需要尽可能地考虑特殊用户群体的操作体验，比如残疾人、色盲、语言障碍者等，在这一点可以在 iOS 操作系统上得到最直观的感受。

4. UI 界面设计欣赏

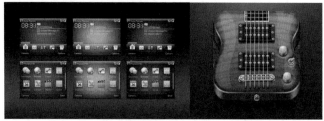

 实例 75　小鸟头像 UI

（实例思路） --

本例中的小鸟头像 UI 属于卡通立体类型，在制作时使用了夸张的方式。制作方法是使用 ◎（椭圆工具）绘制椭圆并填充渐变色后，再为其应用 ◎（混合工具）创建混合，使其出现立体效果，自定义图案并进行填充，并为其添加"投影""内发光"等风格化效果，具体操作流程如图 12-1 所示。

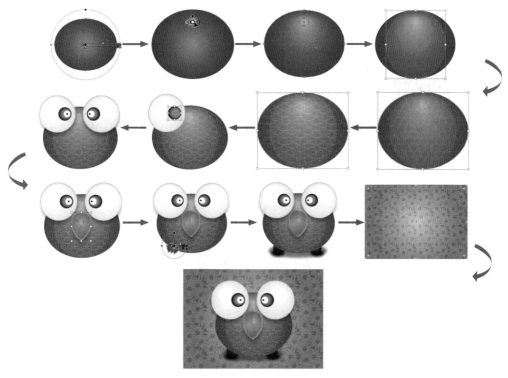

图 12-1　流程图

(实例要点)

▶▶ 新建文档

▶▶ 绘制椭圆形

▶▶ 设置渐变色

▶▶ 创建混合效果

▶▶ 添加投影和外发光

▶▶ 自定义图案

▶▶ 填充图案

▶▶ 设置不透明度和混合模式

(操作步骤)

步骤 01 执行菜单"文件 / 新建"命令或按 Ctrl+N 快捷键，打开"新建文档"对话框，所有参数都采用默认选项，单击"确定"按钮，新建一个空白文档。

步骤 02 使用 ◯ （椭圆工具）在页面中绘制一个椭圆形，如图 12-2 所示。

步骤 03 执行菜单"窗口 / 渐变"命令，打开"渐变"面板，设置"类型"为"径向"，渐变色从左到右依次为（C25，M40，Y65，K0）、（C40，M65，Y90，K35），使用 ▦ （渐变工具）对渐变色进行调整，如图 12-3 所示。

步骤 04 复制椭圆形，将其缩小后，在"渐变"面板中，设置"类型"为"径向"，渐变色从左到右依次为（C0，M35，Y85，K0）、（C0，M50，Y100，K0），使用 ▦ （渐变工具）对渐变色进行调整，效果如图 12-4 所示。

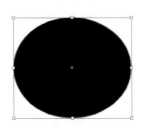

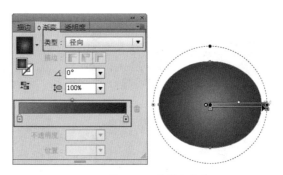

图 12-2　绘制椭圆　　　　　　　　　　　　图 12-3　设置渐变色

图 12-4　复制后设置渐变

步骤05　使用 （混合工具）在两个椭圆上单击，为其创建混合效果，如图 12-5 所示。

步骤06　使用 （椭圆工具）在页面中绘制一个椭圆形，将其填充为（C0，M35，Y85，K0）颜色，效果如图 12-6 所示。

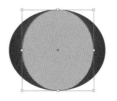

图 12-5　创建混合效果　　　图 12-6　绘制椭圆

步骤07　执行菜单"窗口/透明度"命令，打开"透明度"面板，设置"不透明度"为 18%，效果如图 12-7 所示。

步骤08　使用 （椭圆工具）在页面中绘制一个与后面大椭圆形一样大小的椭圆形，执行菜单"窗口/色板库/图案/装饰/装饰旧版"命令，打开"装饰旧版"图案面板，选择其中的"蜂巢状双色"，为椭圆形填充图案，效果如图 12-8 所示。

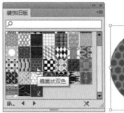

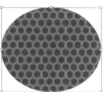

图 12-7　设置透明度　　　　　　　　　　图 12-8　填充图案

步骤09 在"透明度"面板中，设置混合模式为"强光"、"不透明度"为 25%，效果如图 12-9 所示。

图 12-9　设置透明度

步骤10 使用 ⁄（直线段工具）绘制一条直线，使用 ↖（锚点工具）将其调整成曲线，在属性栏中设置"描边"为 3pt、变量宽度配置文件为"宽度配置文件 1"，效果如图 12-10 所示。

图 12-10　调整曲线

步骤11 拖动处理的曲线到"色板"面板中，将其定义为图案，如图 12-11 所示。

步骤12 在"色板"面板中双击定义的图案，进入到"图案选项"编辑界面，其中的参数值如图 12-12 所示。

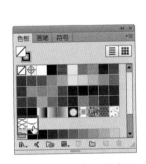

图 12-11　定义图案

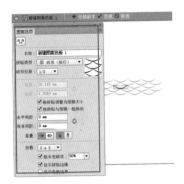

图 12-12　编辑图案

步骤13 设置完毕单击"完成"按钮，完成对图案的编辑。复制椭圆，在"色板"面板中选择编辑的图案，效果如图 12-13 所示。

步骤14 在"透明度"面板中，设置混合模式为"叠加"、"不透明度"为 23%，效果如图 12-14 所示。

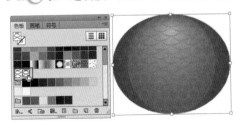

图 12-13　填充图案

图 12-14　设置透明度

步骤15 下面绘制眼睛部分。使用 ◯（椭圆工具）绘制两个正圆，一个填充"白色"、一个填充"灰色"，效果如图 12-15 所示。

步骤⑯ 使用 ▣（混合工具）在两个椭圆上单击，为其创建混合效果，如图 12-16 所示。

 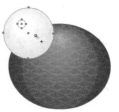

图 12-15　绘制正圆　　图 12-16　创建混合效果

步骤⑰ 执行菜单"效果 / 风格化 / 内发光"命令，打开"内发光"对话框，其中的参数值设置如图 12-17 所示。

步骤⑱ 设置完毕单击"确定"按钮，效果如图 12-18 所示。

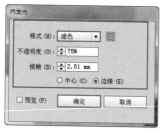
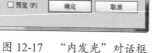
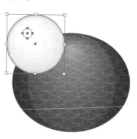

图 12-17　　"内发光"对话框　　　图 12-18　添加内发光

步骤⑲ 使用 ▣（椭圆工具）绘制两个正圆，一个填充"黑色"、一个填充"灰色"，使用 ▣（混合工具）在两个椭圆上单击，为其创建混合效果，如图 12-19 所示。

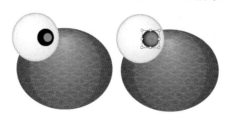

图 12-19　创建混合效果

步骤⑳ 使用 ▣（椭圆工具）绘制两个正圆，一个填充"黑色"，一个填充"白色"，效果如图 12-20 所示。

步骤㉑ 将眼球整个选取，按 Ctrl+G 快捷键将其群组，执行菜单"效果 / 风格化 / 投影"命令，打开"投影"对话框，其中的参数值设置如图 12-21 所示。

图 12-20　绘制正圆　　　　图 12-21　投影

步骤 ㉒ 设置完毕单击"确定"按钮，效果如图 12-22 所示。

步骤 ㉓ 选择整个眼球，在工具箱中双击 ＲＲ（镜像工具），打开"镜像"对话框，选择"垂直"单选按钮后，单击"复制"按钮，将副本向右移动，效果如图 12-23 所示。

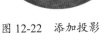

图 12-22　添加投影　　　　　　　　　　　　　　图 12-23　镜像

步骤 ㉔ 下面绘制嘴巴部分。使用 ◯（椭圆工具）绘制一个椭圆，使用 ▸（直接选择工具）调整椭圆锚点，改变椭圆形状，效果如图 12-24 所示。

图 12-24　镜像复制

步骤 ㉕ 在"渐变"面板中，设置"类型"为"径向"，渐变色从左到右依次为（C25，M40，Y65，K0）、（C40，M65，Y90，K35），使用 ▦（渐变工具）对渐变色进行调整，如图 12-25 所示。

步骤 ㉖ 复制两个嘴巴形状副本，将其中一个缩小后并调整位置，在"渐变"面板中，设置"类型"为"径向"，渐变色从左到右依次为（C0，M35，Y85，K0）、（C0，M50，Y100，K0），使用 ▦（渐变工具）对渐变色进行调整，效果如图 12-26 所示。

图 12-25　设置渐变色　　　　　　　　　　　图 12-26　复制后设置渐变

步骤 ㉗ 使用 ▣（混合工具）在两个图形上单击，为其创建混合效果，如图 12-27 所示。

步骤 ㉘ 执行菜单"效果 / 风格化 / 内发光"命令，打开"内发光"对话框，其中的参数值设置如图 12-28 所示。

图 12-27　创建混合效果　　　　图 12-28　内发光

步骤㉙ 设置完毕单击"确定"按钮，再执行菜单"效果/风格化/投影"，打开"投影"对话框，其中的参数值设置如图 12-29 所示。

步骤㉚ 设置完毕单击"确定"按钮，效果如图 12-30 所示。

图 12-29　投影　　　　　　　图 12-30　添加内发光和投影

步骤㉛ 在刚才复制的嘴巴副本上绘制一个矩形，将其一同选取，执行菜单"窗口/路径查找器"命令，打开"路径查找器"面板，单击▣（交集）按钮，效果如图 12-31 所示。

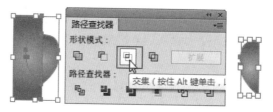

图 12-31　交　集

步骤㉜ 将"交集"后的图形移动到嘴巴上，设置"不透明度"为 49%，效果如图 12-32 所示。

图 12-32　设置透明度

步骤㉝ 下面绘制脚部。使用▣（钢笔工具）绘制一个脚图形，在"渐变"面板中，设置"类型"为"径向"，渐变色从左到右依次为"灰色、黑色"，使用▣（渐变工具）对渐变色进行调整，效果如图 12-33 所示。

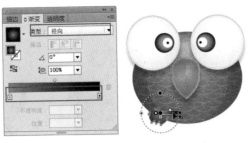

图 12-33　绘制图形并填充渐变色

步骤 34 在工具箱中双击 🔲（镜像工具），打开"镜像"对话框，选择"垂直"单选按钮后，单击"复制"按钮，将副本向右移动，效果如图 12-34 所示。

图 12-34　镜像复制

步骤 35 选择两只脚，按 Ctrl+Shift+[快捷键将其调整到最后一层，效果如图 12-35 所示。

步骤 36 使用 🔲（椭圆工具）绘制一个黑色椭圆，效果如图 12-36 所示。

图 12-35　改变顺序　　　　图 12-36　绘制椭圆

步骤 37 执行菜单"效果 / 模糊 / 高斯模糊"命令，打开"高斯模糊"对话框，其中的参数值设置如图 12-37 所示。

步骤 38 设置完毕单击"确定"按钮，按 Ctrl+Shift+[快捷键将其调整到最后一层，效果如图 12-38 所示。

图 12-37　高斯模糊　　　　图 12-38　高斯模糊后

步骤 39 设置"不透明度"为 55%，效果如图 12-39 所示。

步骤 40 使用同样的方法在脚下面再制作两个小阴影，效果如图 12-40 所示。

图 12-39　设置不透明度　　　　　　　　　　图 12-40　阴影

步骤 41 使用 ▣（矩形工具）绘制一个矩形，执行菜单"窗口 / 色板库 / 图案 / 自然 - 叶子"命令，打开"自然 - 叶子"图案面板，选择"雏菊颜色"，效果如图 12-41 所示。

图 12-41　填充图案

步骤 42 复制矩形，将其放置到原矩形的上面，在"渐变"面板中，设置"类型"为"径向"，渐变色从左到右依次为（C25，M25，Y40，K0）、（C55，M60，Y65，K40），使用 ▣（渐变工具）对渐变色进行调整，效果如图 12-42 所示。

图 12-42　填充渐变色

步骤 43 在"透明度"面板中，设置"不透明度"为 56%，效果如图 12-43 所示。

步骤 44 将绘制的小鸟放置到矩形上面，至此本例制作完毕，效果如图 12-44 所示。

图 12-43　设置不透明度　　　　　　　　　图 12-44　最终效果

实例 76　天气预报 UI

（实例思路） --

　　苹果在 UI 界面中率先使用扁平风格，导致了整个 UI 界面的跟风，扁平风格已经在绝大多数的数码设备中得到了应用，此类风格多以矢量软件来制作。手机天气控件就是一款典型的扁平风格设计，上部显示当前的时间，已经具体到分钟，从上面添加的钟表界面能够体现出来。下部显示的是天气情况，可以看到当前温度、一天的最高气温和最低气温以及当前的天气情况，右侧用一款天气小图标以更加人性化地展现当前的天气内容。

　　本例以 ■（矩形工具）绘制背景，在上面输入文字和绘制天气小图标，再通过 ◯（椭圆工具）和 ⁄（直线段工具）绘制主体和线条，结合"旋转"对话框对其进行旋转复制，具体操作流程如图 12-45 所示。

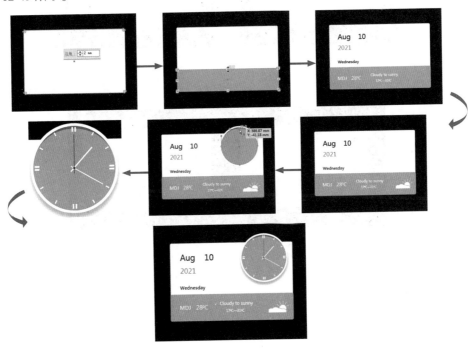

图 12-45　流程图

（实例要点） --

▶ 新建文档

▶ 使用矩形工具绘制矩形

▶ 使用椭圆工具、矩形工具、直线段工具绘制图形

▶ 添加投影

▶ 设置路径查找器中的"交集"

▶ 设置圆角半径

▶ 使用文字工具输入文字

▶ 使用旋转工具设置旋转复制

（操作步骤） --

步骤01 执行菜单"文件/新建"命令或按 Ctrl+N 快捷键，打开"新建文档"对话框，所有参数都采用默认选项，单击"确定"按钮，新建一个空白文档。

步骤02 使用◻（矩形工具）在页面中绘制一个黑色矩形，在上面再绘制一个白色矩形，设置"边角"值为 2mm，效果如图 12-46 所示。

步骤03 选择白色矩形，按 Ctrl+C 快捷键复制，再按 Ctrl+F 快捷键将副本粘贴到前面，将副本调矮并填充"青色"，效果如图 12-47 所示。

图 12-46　绘制矩形

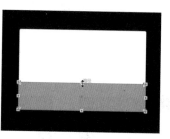
图 12-47　复制矩形

步骤04 使用 T（文字工具）输入文字，分别填充"黑色""白色"和"灰色"，效果如图 12-48 所示。

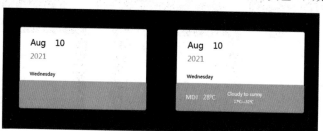
图 12-48　输入文字

步骤05 使用◯（椭圆工具）按住 Shift 键绘制一个小正圆，再使用╱（直线段工具）绘制一条直线，如图 12-49 所示。

步骤06 选择直线后，按住 Alt 键使用◯（旋转工具）将旋转中心点拖曳到正圆的中心处，如图 12-50 所示。

步骤07 松开 Alt 键，打开"旋转"对话框，设置"角度"为 −15°，如图 12-51 所示。

图 12-49　绘制正圆和直线

图 12-50　调整旋转中心点

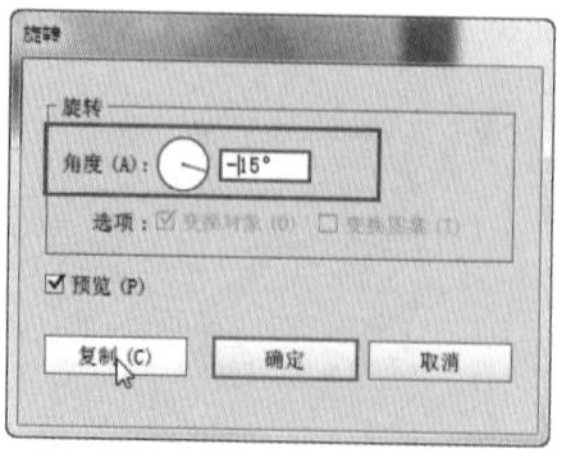

图 12-51　设置角度

步骤08 设置完毕单击"复制"按钮 4 次，复制 4 个副本，将其作为太阳，效果如图 12-52 所示。

步骤09 使用 （椭圆工具）绘制 4 个小正圆，再使用 （矩形工具）绘制一个矩形，效果如图 12-53 所示。

图 12-52　旋转复制　　　　图 12-53　绘制正圆和矩形

步骤10 将 4 个小正圆和矩形一同选取，执行菜单"窗口 / 路径查找器"命令，打开"路径查找器"面板，单击 （联集）按钮，将轮廓设置为"青色"，将其作为云彩，效果如图 12-54 所示。

图 12-54　联集

步骤11 将云彩移动到太阳上面，将太阳的描边设置为白色，再将其一同选取并移动到青色矩形上面，效果如图 12-55 所示。

步骤12 下面再制作表。使用 （椭圆工具）绘制一个正圆，设置填充颜色为"蓝色"、描边颜色为"白色"、"描边"为 5pt，效果如图 12-56 所示。

图 12-55　设置描边　　　　图 12-56　绘制正圆

步骤13 按 Ctrl+C 快捷键复制图形，再按 Ctrl+F 快捷键将副本粘贴到前面，去掉副本的描边，将其填充为"青色"，效果如图 12-57 所示。

步骤14 使用 （直接选择工具）将上面的锚点向下拖曳，调整正圆的形状，效果如图 12-58 所示。

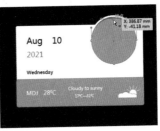

图 12-57　复制形状　　　　图 12-58　调整形状

步骤⑮ 选择后面的正圆，执行菜单"效果 / 风格化 / 投影"命令，打开"投影"对话框，其中的参数值设置如图 12-59 所示。

步骤⑯ 设置完毕单击"确定"按钮，效果如图 12-60 所示。

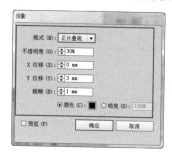

图 12-59 投影

图 12-60 添加投影

步骤⑰ 按 Ctrl+R 快捷键调出标尺后，拖出辅助线，使用 ✍ （直线段工具）绘制两条直线段，效果如图 12-61 所示。

步骤⑱ 选择两条直线后，按住 Alt 键使用 ⟳ （旋转工具）将旋转中心点拖曳到辅助线交汇处，松开 Alt 键，打开"旋转"对话框，设置"角度"为 90°，如图 12-62 所示。

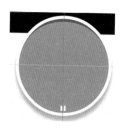

图 12-61 绘制直线

图 12-62 "旋转"对话框

步骤⑲ 设置完毕单击"复制"按钮 3 次，复制 3 个副本，效果如图 12-63 所示。

步骤⑳ 使用同样的方法，制作 30° 角的直线，删除辅助线和上、下、左、右 4 条直线，效果如图 12-64 所示。

图 12-63 旋转复制

图 12-64 旋转复制

步骤㉑ 使用 ◯ （椭圆工具）在表中心位置绘制一个白色正圆，效果如图 12-65 所示。

步骤㉒ 使用 ✍ （直线段工具）绘制 3 条长短不同的直线段，分别调整粗细和填充颜色，效果如图 12-66 所示。

步骤㉓ 使用 ◯ （椭圆工具）在表中心轴处绘制一个红色正圆，效果如图 12-67 所示。

步骤㉔ 至此本例制作完毕，效果如图 12-68 所示。

图 12-65　绘制正圆

图 12-66　绘制直线

图 12-67　绘制正圆

图 12-68　最终效果

实例 77　音乐播放界面

（实例思路）

　　音乐界面在设计时要考虑的是整体的布局和配色，配色要保持整体一致。本例首先置入素材，用 ▣（矩形工具）绘制矩形并设置"混合模式"和"透明度"，创建剪切蒙版后，在界面中绘制图形和输入文字，插入符号后进行扩展和调整，具体操作流程如图 12-69 所示。

图 12-69　流程图

实例要点

- ▶ 新建文档
- ▶ 置入素材
- ▶ 使用矩形工具绘制矩形
- ▶ 设置混合模式为"叠加"
- ▶ 设置不透明度

- ▶ 在路径查找器中应用"联集"和"交集"
- ▶ 绘制正圆并添加外发光
- ▶ 使用文字工具输入文字
- ▶ 插入符号并进行扩展

操作步骤

步骤 01 执行菜单"文件 / 新建"命令或按 Ctrl+N 快捷键，打开"新建文档"对话框，所有参数都采用默认选项，单击"确定"按钮，新建一个空白文档。

步骤 02 执行菜单"文件 / 置入"命令，置入"素材\第 12 章\码头 .jpg"素材文件，效果如图 12-70 所示。

步骤 03 使用▢（矩形工具）在素材上绘制一个"洋红"色的矩形，在"透明度"面板中，设置混合模式为"叠加"、"不透明度"为 55%，效果如图 12-71 所示。

图 12-70 置入素材

图 12-71 绘制矩形并设置混合模式

步骤 04 使用▢（矩形工具）根据手机屏幕的大小绘制一个矩形，如图 12-72 所示。

步骤 05 将三个对象一同选取，执行菜单"对象 / 剪切蒙版 / 建立"命令或按 Ctrl+7 快捷键，为其创建剪切蒙版，效果如图 12-73 所示。

图 12-72 绘制矩形

图 12-73 剪切蒙版

步骤06 使用▣（矩形工具）在顶部绘制一个黑色矩形，设置"不透明度"为45%，如图12-74所示。

步骤07 在左上角处绘制 5 个白色小矩形，如图 12-75 所示。

图 12-74　绘制矩形并设置透明度　　　图 12-75　绘制矩形

步骤08 将白色小矩形一同选取，在"路径查找器"中单击▣（联集）按钮，将其变为一个对象。再使用▱（钢笔工具）绘制一个封闭图形，将其与后面的白色矩形一同选取，单击"路径查找器"中▣（交集）按钮，效果如图12-76所示。

图 12-76　交集

步骤09 使用▣（矩形工具）和▣（圆角矩形工具）绘制白色矩形和白色圆角矩形，来组成电池效果，如图12-77所示。

步骤10 使用▣（文字工具）输入文字，在底部使用▣（矩形工具）绘制一个黑色矩形，再通过▣（矩形工具）、◙（多边形工具）和◙（椭圆工具）绘制三角形、矩形和正圆，效果如图12-78所示。

图 12-77　绘制形状　　　　　图 12-78　输入文字绘制图形

步骤11 使用▣（矩形工具）绘制一个（C0，M40，Y0，K0）的矩形和一个（C0，M100，

Y0，K0）的矩形，效果如图 12-79 所示。

步骤⑫ 使用▣（矩形工具）绘制一个（C25，M25，Y40，K0）的矩形和一个（C50，M0，Y100，K0）的矩形，效果如图 12-80 所示。

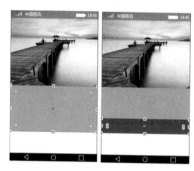

图 12-79　绘制矩形

图 12-80　绘制矩形

步骤⑬ 使用▣（圆角矩形工具）绘制一个（C35，M60，Y80，K25）的圆角矩形，效果如图 12-81 所示。

步骤⑭ 在中间偏右的位置，使用◎（椭圆工具）绘制一个（C30，M50，Y75，K10）的正圆形，效果如图 12-82 所示。

图 12-81　绘制圆角矩形

图 12-82　绘制圆

步骤⑮ 执行菜单"效果 / 风格化 / 外发光"命令，打开"外发光"对话框，其中的参数值设置如图 12-83 所示。

步骤⑯ 设置完毕单击"确定"按钮，效果如图 12-84 所示。

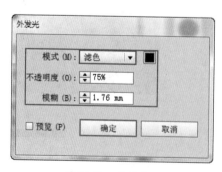

图 12-83　外发光

图 12-84　添加外发光

步骤⑰ 执行菜单"窗口 / 符号库 /Web 按钮和条形"命令，打开"Web 按钮和条形"符号面板，选择其中的"图标 2- 加号"，将其拖曳到页面中。执行菜单"对象 / 扩展"命令，扩展后删除多余区域，将剩余区域填充"黄色"，再将其移动到正圆上，效果如图 12-85 所示。

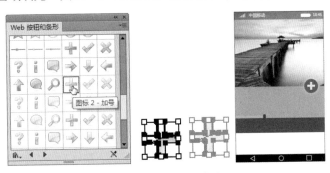

图 12-85　移入符号

步骤⑱ 执行菜单"窗口/符号库/移动"命令，打开"移动"符号面板，选择其中的播放需要的符号，将其拖曳到页面中。执行菜单"对象 / 扩展"命令，扩展后删除多余区域，将剩余区域填充"白色"，再将其移动到矩形上，效果如图 12-86 所示。

图 12-86　移入符号

步骤⑲ 使用 T（文字工具）输入文字，效果如图 12-87 所示。

步骤⑳ 在"移动"符号面板中选择一个喇叭符号，将其拖曳到页面中。执行菜单"对象 / 扩展"命令，扩展后删除多余区域，再将剩余区域其移动到矩形上。至此本例制作完毕，效果如图 12-88 所示。

图 12-87　输入文字　　图 12-88　最终效果

习题答案

第 1 章

1. D 　　　　　2. A 　　　　　3. D

第 2 章

1. B 　　　　　2. A 　　　　　3. B

第 3 章

1. A 　　　　　2. A 　　　　　3. B

第 4 章

1. A 　　　　　2. B

第 5 章

1. 描边色 　　　2. 形状生成器工具

第 6 章

1. 合并所选图层 　　2. 对象　剪切蒙版　建立

第 7 章

1. 左上角的单元格 　　2. 符号组

第 8 章

1. 扩展 　　　　2. 反向堆叠

第 9 章

1. B 　　　　　2. B